安徽省"十三五"规划教材

电力电子与变频技术

项目化教程

主　编　徐丽霞

副主编　邹　莉　张　晟　陈　红　郑振峰

主　审　李　翔

华中科技大学出版社

http://www.hustp.com

中国·武汉

图书在版编目(CIP)数据

电力电子与变频技术项目化教程/徐丽霞主编.—武汉：华中科技大学出版社,2020.9(2024.2 重印)
ISBN 978-7-5680-6531-3

Ⅰ.①电… Ⅱ.①徐… Ⅲ.①电力电子技术-教材 ②变频技术-教材 Ⅳ.①TM1 ②TN77

中国版本图书馆 CIP 数据核字(2020)第 169067 号

电力电子与变频技术项目化教程 徐丽霞 主编
Dianli Dianzi yu Bianpin Jishu Xiangmuhua Jiaocheng

策划编辑：康　序
责任编辑：狄宝珠
封面设计：孢　子
责任监印：朱　玢
出版发行：华中科技大学出版社(中国·武汉)　　电话：(027)81321913
　　　　　武汉市东湖新技术开发区华工科技园　　邮编：430223
录　　排：武汉三月禾文化传播有限公司
印　　刷：武汉科源印刷设计有限公司
开　　本：787mm×1092mm　1/16
印　　张：13.5
字　　数：346 千字
版　　次：2024 年 2 月第 1 版第 2 次印刷
定　　价：45.00 元

本书为安徽省省级规划教材,依托浙江求是 WMCL-Ⅱ型电力电子及电气传动实训教学装置,较为详细地介绍了整流、逆变、直流变换和交流变换的实训内容、实训原理和实训方法。

通过对本书的学习,学生应达到以下要求。

(1)熟悉各种电力电子器件的特性和触发要求。

(2)掌握各种电力电子电路的结构、工作原理、控制方法、设计计算方法及实操技能。

(3)了解变频器的工作原理,掌握简单的变频器操作指令。

(4)了解电力电子装置的开发与应用,对一般可控整流电路具有设计计算能力,为从事电力电子相关技术工作打下基础。

全书由课程负责人徐丽霞(安徽国防科技职业学院)担任主编并统稿,李翔教授进行了主审,副主编有邹莉、张晟、陈红(安徽国防科技职业学院)、郑振峰(陕西国防工业职业技术学院)。

为了方便教学,本书还配有电子课件等教学资源包,任课教师可以发邮件至 hustpeiit@163.com 索取。在本书的编写过程中得到了浙江求是科教有限公司唐旭工程师的大力支持,在此表示衷心的感谢。

由于编者水平有限,书中难免存在错误和不足之处,恳请广大读者批评指正,以便下次修订完善。

“电力电子与变频技术”课程组
2020 年 6 月

◀ 任务1 了解课程总体情况 ▶

一、课程定位与教学设计

1.课程定位

电力电子技术是应用于电力领域的电子技术。电子技术包括信息电子技术和电力电子技术两大分支。

信息电子技术完成对电子信号的处理,电力电子技术完成对电力的变换与控制。它也是自动化类专业的核心课程,为学生从事电力电子设备相关工作打下理论基础。

2.教学内容设计

本书以典型案例为载体,引出相关专业理论知识和相应的实训项目,所选取的典型产品基本涵盖了电力电子课程的核心应用,从电力电子器件的测试、整流电路的构建到变频器的调试,将实践训练贯穿始终,只要认真理解和实操,一定能理实相互促进,学有所获。

图 0-1 所示为课程教学内容设计。

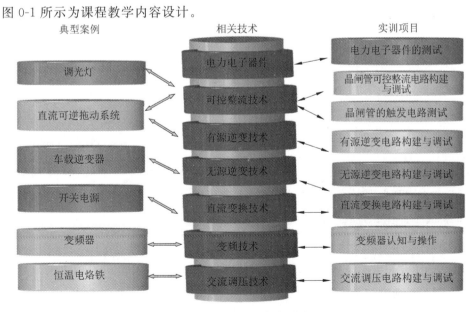

图 0-1　课程教学内容设计

二、电力电子技术的起源、发展与应用

1. 起源

电力电子技术起源于电力电子器件的出现。图 0-2 所示为电力电子技术的发展史。

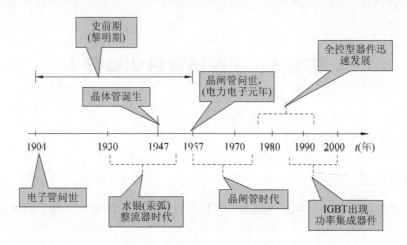

图 0-2　电力电子技术的发展史

1957 年美国通用电气公司研制出第一只晶闸管,标志了电力电子技术的诞生。在此后的 20 多年,以晶闸管为核心的半控型器件广泛应用于工业、运输行业,并且由最初的普通晶闸管逐渐派生出快速晶闸管、双向晶闸管等许多品种,形成了一个晶闸管大家族。器件的功率越来越大,性能越来越好,电压、电流、di/dt、du/dt 等各项技术参数均有很大提高。目前,单只晶闸管的容量已达 8000 V、6000 A。

20 世纪 80 年代后期至 20 世纪末,全控型电力电子器件飞速发展,晶闸管的应用范围有所缩小,但是由于其高电压、大电流的特性,在高压大电流的应用环境仍占有十分重要的地位。

21 世纪开始至今,全控型器件集成度更高,集成了触发和保护电路,模块化的结构,结构更加完整,使用维护更加方便。

2. 发展

电力电子技术的产品始于 20 世纪 50 年代末,先后经历了整流器时代、逆变器时代和变频器时代。产品逐渐由低频向高频转变。20 世纪 80 年代末至 20 世纪 90 年代初以功率 MOSFET 和 IGBT 为代表的集高频、高压和大电流于一身的功率半导体复合器件,使电力电子技术进入了现代电力电子时代。

1) 整流器时代

大功率的工业用电由工频(50 Hz)交流发电机提供,但是大约 20% 的电能是以直流形式消耗的,其中最典型的是电解(有色金属和化工原料需要直流电解)、牵引(电气机车、电传动的内燃机车、地铁机车、城市无轨电车等)和直流传动(轧钢、造纸等)三大领域。大功率硅

整流器能够高效率地把工频交流电转变为直流电,因此在 20 世纪 60 年代和 20 世纪 70 年代,大功率硅整流管和晶闸管的开发与应用得到很大发展。

2) 逆变器时代

20 世纪 70 年代出现了世界范围的能源危机,交流电机变频调速因节能效果显著而迅速发展。变频调速的关键技术是将直流电逆变为 0~100 Hz 的交流电。在 20 世纪 70 年代到 20 世纪 80 年代,随着变频调速装置的普及,大功率逆变用的晶闸管、巨型功率晶体管(GTR)和门极可关断晶闸管(GTO)成为当时电力电子器件的主角。

类似的应用还包括高压直流输出,静止式无功功率动态补偿等。这时的电力电子技术已经能够实现整流和逆变,但工作频率较低,仅局限在中低频范围内。

3) 变频器时代

进入 20 世纪 80 年代,大规模和超大规模集成电路技术的迅猛发展,为现代电力电子技术的发展奠定了基础。

将集成电路技术的精细加工技术和高压大电流技术有机结合,出现了一批全新的全控型功率开关器件。首先是功率 MOSFET 的问世,导致了中小功率电源向高频化发展,而后绝缘门极双极晶体管(IGBT)的出现,又为大中型功率电源向高频发展带来机遇。

新型器件的发展不仅为交流电机变频调速提供了较高的频率,使其性能更加完善可靠,而且使现代电子技术不断向高频化发展,为用电设备的高效节材节能,实现小型轻量化、机电一体化和智能化提供了重要的技术基础。

4) 电力电子技术在中国的发展

目前,我国国产晶闸管和功率二极管基本能满足国内经济发展的需要,在小功率电源和中小功率变流器制造和应用方面已经基本与国际水平同步。但是以 IGBT、功率 MOSFET 为代表的全控、场控型等主流功率开关器件,以及大功率/超大功率、高性能变流装置制造、应用技术方面几乎全部依赖进口。

3. 主要功能

电力电子技术的根本任务是实现对电力的转换与控制。其基本变换形式有如下四大类。

(1) 整流:把交流电变换为固定或可调的直流电,亦称为 AC/DC 变换。

(2) 逆变:把直流电变换为频率固定或频率可调的交流电,亦称为 DC/AC 变换。其中,把直流电变换为 50 Hz 的交流电反送交流电网称为有源逆变,把直流电变换为频率固定或频率可调的交流电供给用电器则称为无源逆变。

(3) 直流变换:把固定的直流电变换为固定或可调的直流电,亦称为 DC/DC 变换。

(4) 交流变换:把交流电的大小或频率进行变换,若只改变交流电的大小,称为交流调压,若同时改变交流电的频率,则称为交-交变频。交流变换亦称为 AC/AC 变换。

我们有时也将进行电力变换的技术称为变流技术。

4.应用

电力电子技术的应用领域相当广泛,遍布庞大的发电厂设备到小巧的家用电器等几乎所有电气工程领域。容量可达 1 吉瓦至几吉瓦不等,工作频率也可由几赫兹至 100 MHz。

1)一般工业

工业中大量应用各种交直流电动机。直流电动机有良好的调速性能。为其供电的可控整流电源或直流变换电源都是电力电子装置。近年来,由于电力电子变频技术的迅速发展,使得交流电动机的调速性能可与直流电动机相媲美,交流调速技术大量应用并占据主导地位。大至数兆瓦的各种轧钢机,小到几百瓦的数控机床的伺服电动机都广泛采用电力电子交直流调速技术。一些对调速性能要求不高的大型鼓风机等近年来也采用了变频装置,以达到节能的目的。还有一些不调速的电动机为了避免启动时的电路冲击而采用了软启动装置,这种软启动装置也是电力电子装置。

电化学工业大量使用直流电源,电解铝、电解食盐水等都需要大容量整流电源。电镀装置也需要整流电源。电力电子技术还大量用于冶金工业中的高频或中频感应电源、淬火电源等场合。

2)交通运输

电气化铁道中广泛采用电力电子技术。电力机车中的直流机车采用整流装置,交流机车采用变频装置。直流变换器也广泛用于铁道车辆。在未来的磁悬浮列车中,电力电子技术更是一项关键技术。除牵引电动机传动外,车辆中的各种辅助电源也都离不开电力电子技术。

电动汽车的电机靠电力电子装置进行电力变换和驱动控制,其蓄电池的充电也离不开电力电子装置。一台高级汽车中需要许多控制电机,它们也要靠变频器和直流变换器驱动并控制。飞机、船舶需要很多不同要求的电源,因此航空和航海都离不开电力电子技术。如果把电梯也算做交通运输工具,那么它也需要电力电子技术。以前的电梯大都采用直流调速系统,而近年来交流调速已成为主流。

3)电力系统

电力电子技术在电力系统中有着非常广泛的应用。据估计,发达国家在用户最终使用的电能中,有 60% 以上的电能至少经过一次以上的电力电子变流装置的处理。电力系统在通向现代化的进程中,电力电子技术是关键技术之一。可以毫不夸张地说,如果离开电力电子技术,电力系统的现代化就是不可想象的。

直流输电在长距离、大容量输电时有很大的优势,其送电端的整流阀盒、受电端的逆变阀都采用晶闸管变流装置。近年发展起来的柔性交流输电也是依靠电力电子装置才得以实现。无功补偿和谐波抑制对电力系统有重要的意义。晶闸管控制电抗器(TCR)、晶闸管投切电容器(TSC)都是重要的无功补偿装置。近年来出现的静止无功发生器(SVG)、有源电力滤波器(APF)等新型电力电子装置具有更为优越的无功功率和谐波补偿的性能。在配电网系统中,电力电子装置还可用于防止电网瞬时停电、瞬时电压跌落、闪变等,以进行电能质量控制,改善供电质量。在变电所中,给操作系统提供可靠的交直流操作电源,给蓄电池充电等都需要电力电子装置。

4)电子装置用电源

各种电子装置一般都需要不同电压等级的直流电源供电。通信设备中的程控交换机所用的直流电源采用全控型器件的高频开关电源。大型计算机所需的工作电源、微型计算机内部的电源也都采用高频开关电源。在各种电子装置中,以前大量采用线性稳压电源供电,由于开关电源体积小、重量轻、效率高,现在已逐步取代了线性电源。因为各种信息技术装置都需要电力电子装置提供电源,所以可以说信息电子技术离不开电力电子技术。

5)家用电器

种类繁多的家用电器,小至一台调光灯具、高频荧光灯具,大至通风取暖设备、微波炉以及众多电动机驱动设备都离不开电力电子技术。电力电子技术和我们的生活已经变得十分贴近。

6)其他

不间断电源(UPS)在现代社会中的作用越来越重要,用量也越来越大。目前,UPS在电力电子产品中已占有相当大的份额。以前电力电子技术的应用偏重于中、大功率。现在,在1 kW以下,甚至几十瓦以下的功率范围内,电力电子技术的应用也越来越广,其地位也越来越重要。这已成为一个重要的发展趋势,值得引起人们的注意。

总之,电力电子技术的应用范围十分广泛。从人类对宇宙和大自然的探索,到国民经济的各个领域,再到我们的衣食住行,到处都能感受到电力电子技术的存在和巨大魅力。

任务2 了解实训装置

一、实训装置概述

WMCL-Ⅱ电力电子及电气传动实训装置是由浙江求是科教设备有限公司开发的一种功能齐全的综合性实训装置,可用来完成电力电子技术课程方面的全部教学实训,还可以作为中级、高级电工技能考核之用,如图0-3所示。

1.实训装置的主要特点

(1)触发电路和元器件都安装在控制挂件面板上,操作方便,易于更换。使学生对器件有直观明了的认识。

(2)触发电路线路板上都印有原理图,方便学生在实训过程中分析原理与调试。

(3)操作台只需要三相四线制电源即可使用,安装方便。

图 0-3　WMCL-Ⅱ电力电子及电气传动实训装置

（4）设备具有完善的安全保护功能，可确保操作者的安全。输入部分装有电流型漏电保护器，各电源输出均有监视及短路保护功能，各测量仪表均有可靠的保护功能，使用安全可靠。

（5）所有的元器件都通过导线引到接线柱上，学生接线只需用护套线或者二号连接线直接插上即可。

2. 实训装置的安全与保护

1）设备的人身安全保护

（1）三相隔离变压器的浮地保护，将实训用电与电网完全隔离，对人身安全起到有效的保护作用。

（2）三相电源输入端设有电流型漏电保护器，设备的漏电流大于 30 mA 即可断开开关，符合国家标准对低压电器安全的要求。

（3）三相隔离变压器的输出端设有电压型漏电保护，一旦实训台有漏电压将会自动保护跳闸。

（4）强电实训导线采用全塑封闭型手枪式导线，导线内部为无氧铜抽丝而成发丝般细的多股线，质地柔软，护套用粗线径、防硬化化学制品制成，插头采用实芯铜质件，避免学生触摸到金属部分而引起的双手带电操作触电的可能。

2）设备的安全保护体系

（1）三相交流电源输出设有电子线路及保险丝双重过流及短路保护功能，其输出电流大于 3 A 即可断开电源，并告警指示。

（2）晶闸管的门阴极和各触发电路的观察孔设有高压保护功能，避免学生误接线。

（3）实训台采用三种实训导线，相互间不能互插，强电采用全塑型封闭安全实训导线，弱电采用金属裸露实训导线（其实芯铜直径大于强电导线），观察孔采用 2♯ 实训导线，避免了学生误操作将强电接到弱点的可能。

（4）实训台交直流电源设有过流保护功能。

3．实训装置的模块介绍

实训装置的模块或组件配置如表 0-1 所示。

表 0-1　实训装置的模块或组件配置一览表

序　号	型　号	名　称
1	NMCL-07C-ZSB-A	功率开关器件模块展示板
2	DGZS-04-3	变压器及过压、过流报警保护电路
3	MCLMK-01	单节晶体管触发电路模块
4	MCLMK-02	正弦波触发电路模块
5	MCLMK-03	锯齿波触发电路模块
6	MCLMK-17	TC787 触发电路模块
7	MCLMK-14	三相全控整流移相触发器模块
8	MCLMK-14B	三相调压双硅移相触发器模块
9	MCLMK-09 A	晶闸管模块
10	MCLMK-09	工业用晶闸管模块
11	MCLMK-12	灯泡负载模块
12	DLDZ-09	可调电阻负载
13	MCLMK-11	双向晶闸管模块
14	MCLMK-10	二极管模块
15	MCLMK-11C	反并联晶闸管模块
16	MCLMK-BPQ	西门子变频器主机与辅助模块
17	EEL-57H	继电接触控制箱
18	M02-A	三相笼型异步电动机
19	MCLMK-54A-01	Buck 主电路
20	MCLMK-54A-02	Buck 控制电路
21	MCLMK-54B-01	Boost 主电路
22	MCLMK-54B-02	Boost 及反激控制电路
23	MCLMK	调光电路模块
24	MCLMK-ZJB	转接板
25	MCLMK-WJ-01	温度检测及显示模块
26	MCLMK-WK-01	温度控制模块
27	DS1104Z	数字示波器

4. 主控屏模块使用说明

主控屏各模块的使用说明如图 0-4～图 0-9 所示。

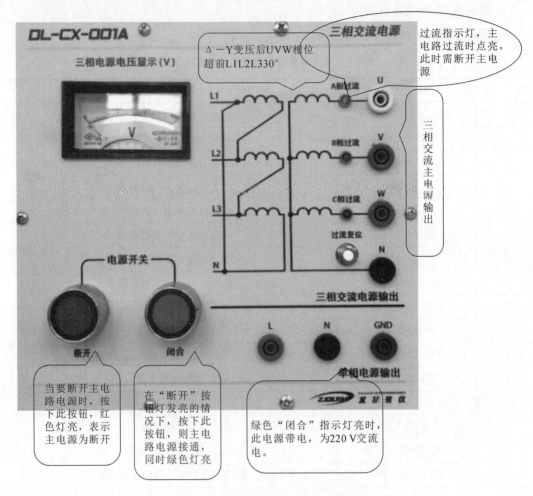

图 0-4　电源控制屏（WMCL-Ⅱ）面板

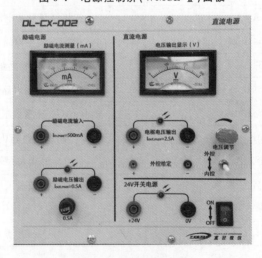

图 0-5　直流电源模块

交流仪表测量时要选准量程

超过量程告警灯亮，按复位解除告警

直流仪表注意进出线接线。测量时要选准量程

电源开关红色按钮灯亮时，此按钮按到ON时此模块得电。按钮灯亮

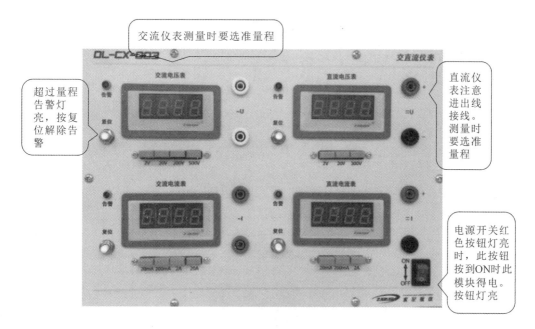

图 0-6　交直流仪表

为触发电路模块提供 15 V 直流电源

调节 0~15 V 直流电压，在调节移相时使用

常用正给定　常用±给定

调节 -15 V~0 直流电压，不常用

为触发电路提供同步电压，与LN同相

电源开关红色按钮灯亮时，此按钮按到ON时此模块通电，按钮灯亮

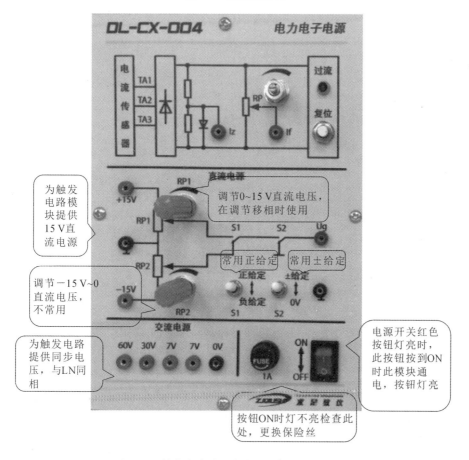

按钮ON时灯不亮检查此处，更换保险丝

图 0-7　触发电路的同步电压和移相电压模块

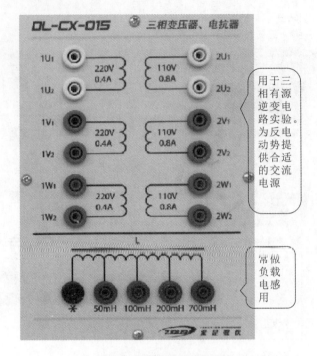

图 0-8　降压变压器

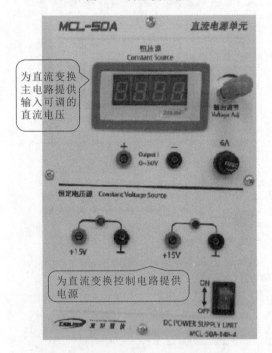

图 0-9　直流变换电路专用电源模块

二、实训操作规范与步骤

1. 实训设备操作规范

（1）不要带电接触实训装置与连接模块的金属部分。

（2）示波器上有很多按钮旋钮,请按指导老师要求动作,不要随意操作,以免损坏示波器。

（3）示波器探头用力过大容易折断,请使用时注意。示波器使用时地线夹子需可靠接地(被测系统的地,非真正的大地),两路示波器同时使用时需有公共地端。

（4）励磁电源不要和直流稳压电源混淆,以免损坏设备。

（5）模块取用要轻拿轻放,以免损坏其中元件。

（6）变频器开关机过程需延时数秒,关机后需显示屏上数字消失后才能重新上电。

2. 实训过程操作规范

（1）整个实验过程中应正确选择仪表、合理选择量程。

（2）每次接线或改线时要切断电源。

（3）连接线分三种规格:一种是高压线(带护套),一种是低压线,一种是观测孔2♯实训导线。其对应的插孔也不一样,切勿将插头强行插入孔中。

（4）无论仪表还是三相电源输出都有过量程或过压过流保护报警功能,当找到故障原因后按下对应的复位键即可恢复正常。

（5）设备中若有保险丝烧坏,必须断电操作。更换保险丝时需用同规格保险丝,不可过大或过小。

（6）电阻盘转动时不要用力过猛,以免损坏电阻盘。

（7）电源部分U(或V、W)、N与L、N都是单相交流电源,但存在相位差异,因此L、N和DL-CX-004中的30 V、60 V、7 V交流电源同相,可作为触发同步电压,U(或V、W)、N则不行。

（8）双踪示波器有两个探头,可以同时测量两个信号,但这两个探头的地线都与示波器的外壳相连接,所以两个探头的地线不能同时接在某一电路的不同两点上,否则将使这两点通过示波器发生电气短路。为此,在实训中可将其中一根探头的地线取下或外包以绝缘,只使用其中一根地线。当需要同时观察两个信号时,必须在电路上找到这两个被测信号的公共点,将探头的地线接上,两个探头各接至信号处,即能在示波器上同时观察到两个信号,而不致发生意外。

（9）实验结束时断电开关顺序与通电时开关顺序相反。

（10）实验结束离开时请检查实验台总开关是否断电。

3. 实训装置通断电步骤

1）通电步骤

（1）合闸,红色"断开"指示灯点亮。

DL-CX-003、DL-CX-004、DL-CX-014、DL-CX-015、MCL-50A在各模块的开关控制下带电,提供30 V、60 V、7 V交流电源输出和给定±15 V直流电源输出;MCL-50A是Buck、

Boost 电路的专用电源。

（2）按下绿色"闭合"按钮。

听到继电器吸合声，红色"断开"按钮指示灯熄灭，"闭合"指示灯亮；三相交流电源 U、V、W 通电，下方的单相 220 V 交流电源 L、N 通电，DL-CX-002 模块中直流高压励磁电源通电。

2）断电步骤

将所有实训挂箱、模块、仪表开关断电或打向 OFF 处，按下红色"断开"按钮，断开指示灯点亮。断开实训台左侧的漏电保护器。

4. 简易故障维修

简易故障现象与原因如表 0-2 所示。

表 0-2　简易故障现象与原因一览表

序　号	故 障 现 象	故 障 原 因
1	漏电保护器合不上	漏电保护器脱扣器弹出（按下脱扣器即可） 设备接线或设备中存在短路
2	励磁电源无输出	面板 0.5 A 保险丝烧坏 主控制屏隔离变压器后保险丝烧坏
3	可调电阻箱电阻∞大	0.5 A 保险丝烧坏 1.5 A 保险丝烧坏
4	所有单相 220 V 电源无	主控制屏供电线路板 5 A 保险丝烧坏

三、示波器的使用方法

1. 开机自检

选择任一通道，探头输入示波器自检信号，屏幕上应该能看到一个 3 V/1 kHz 的方波信号。

2. 常用功能介绍

（1）RUN/STOP 键，此键用于示波器的运行和暂停（暂停供采集分析波形用）。

（2）Measure 键，按下此键可以打开"全部测量"功能，可显示屏幕波形的各种参数，例如周期、频率、幅值等。

（3）Cursor 键，按下此键，光标模式选择手动模式下，出现横、纵光标，可对波形进行手动测量。

（4）Display 键，此键功能下可调节屏幕亮度，改变网格模式等。

（5）Utility 键，用于改变屏幕显示语言等。

（6）Storage 键,当插入 U 盘等外设时,按下此键,示波器识别了外设后,按下暂停后,可以将波形按要求保存到外设中。

（7）Intensity 旋钮,此旋钮旋转时用于各菜单选项下的子菜单选项的选择,"按下此键"表示确定。

（8）Mode 键,按下此键确定示波器工作在 AUTO 状态。

（9）示波器左大旋钮调节幅值,右大旋钮调节周期。

（10）若要调节探头倍率,按下相应的通道,在探头选项下选择相应的倍率。

3. 使用小常识

（1）当各功能调乱不知如何恢复,所显示波形不是最佳状态时,按下 AUTO 键,系统将自动选择最优设置显示波形。

（2）注意探头的共地问题:用双通道观察不同的信号时,必须找到两路信号的公共参考点。

（3）测量信号时,注意探头自身倍率的调节,小信号拨到 1×,大信号拨到 10×。

调光灯的安装与调试

调光灯在日常生活中的应用非常广泛,其种类也很多。图 1-1 是常见的调光灯。旋动调光旋钮便可以调节灯泡的亮度。图 1-2 为调光电路模块。

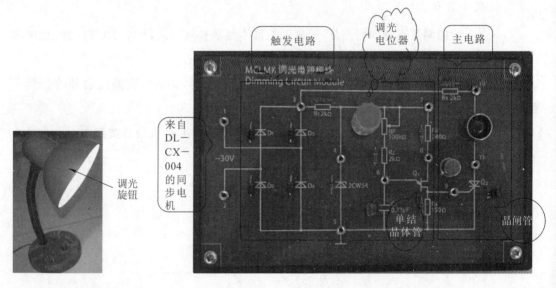

图 1-1　调光灯

图 1-2　调光电路模块

◀ 任务 1　认识晶闸管 ▶

1.1　电力电子器件

调光灯电路中的器件 Q_2 被称为晶闸管,它是一种电力电子器件。电力电子器件种类很多,但功能相同,都是工作在受控的通、断状态,具有开关特性,因其常工作在中大功率场合,我们也常称其为功率开关器件。

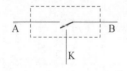

图 1-3　电力电子器件的理想开关模型

1.基本模型

电力电子器件可以抽象成图 1-3 所示的理想开关模型,它有三个电极,其中 A 和 B 代表开关的两个主电极,K 是控制开关通断的控制极。它只工作在"通态"和"断态"两种情况,在通态时其电阻为零,断态时其电阻无穷大。

2.基本特性

（1）电力电子器件一般都工作在开关状态。

（2）电力电子器件的开关状态由外电路（驱动电路）来控制。

（3）在工作中器件的功率损耗（通态、断态、开关损耗）很大。为保证不因为损耗散发的热量导致器件温度过高而损坏，在器件上一般都加装有散热器。

3.主要分类

1）按器件的可控程度分类

（1）不可控器件。

器件本身没有导通、关断控制功能，而需要根据电路条件决定其导通、关断状态的器件称为不可控器件。如电力二极管（power diode）。

（2）半控型器件。

通过控制信号只能控制其导通，不能控制其关断的电力电子器件称为半控型器件。如晶闸管（thyristor）及其大部分派生器件。

（3）全控型器件。

通过控制信号既可控制其导通又可控制其关断的器件，称为全控型器件。如门极可关断晶闸管 GTO（gate-turn-off thyristor）、功率场效应管 MOSFET（power MOSFET）、绝缘栅双极型晶体管 IGBT（insulated-gate bipolar transistor）等。

2）按器件的控制信号分类

（1）电流控制型器件。

此类器件采用电流信号来实现导通或关断控制。如晶闸管（SCR）、门极可关断晶闸管（GTO）、功率晶体管（GTR）等。

（2）电压控制型器件。

这类器件采用电压（场控原理）控制它的通、断，输入控制端基本上不流过控制电流信号，用小功率信号就可驱动它工作。代表性器件为 MOSFET 和 IGBT。

4.应用领域

不同种类的电力电子器件除了都具有良好的开关特性外，在额定电压、额定电流和开关频率等参数上都有各自的特殊性，因此其应用领域也各不相同。如晶闸管具有耐高压、大电流特性，常用于炼钢厂、轧钢机、直流输电、电解等环境下的整流器中；MOSFET 不能承受高压、大电流，但其开关速度快，适用于制作中小功率的高频逆变器电源。

常用电力电子器件的主要特性和应用领域如表 1-1 所示。

表 1-1　常用电力电子器件的主要特性和应用领域

器件种类	开关功能	器件特性概略	应用领域
电力二极管	不可控	5 kV/3 kA—400 Hz	各种整流装置

器件种类	开关功能	器件特性概略	应 用 领 域
晶闸管	可控导通	6 kV/6 kA—400 Hz 8kV/3.5kA—光控 SCR	炼钢厂、轧钢机、直流输电、电解用整流器
可关断晶闸管 GTO		6 kV/6 kA—500 Hz	工业逆变器、电力机车用逆变器、无功补偿器
电力晶体管 GTR	自关断型	1.4 kV/600 A—5 kHz 1.8 kV/800 A—2 kHz	中小功率逆变器电源
MOSFET		600 V/70 A—1 MHz	开关电源、小功率 UPS、小功率逆变器
IGBT		1.2 kV/1.2 kA—20 kHz 6.3 kV/5 kA—100 kHz	各种整流/逆变器(UPS、变频器、家电)、电力机车用逆变器、中压变频器

1.2 晶闸管 SCR

1.基本结构

晶闸管(thyristor)是硅晶体闸流管的简称,俗称可控硅整流管(silicon controlled rectifier),简称 SCR。晶闸管是一种大功率 PNPN 四层半导体元件,具有三个 PN 结,引出三个极:阳极 A、阴极 K、门极(控制极)G,其外形及符号如图 1-4 所示,各管脚名称(阳极 A、阴极 K、具有控制作用的门极 G)标于图中。图 1-4(b)所示为晶闸管的图形符号及文字符号。

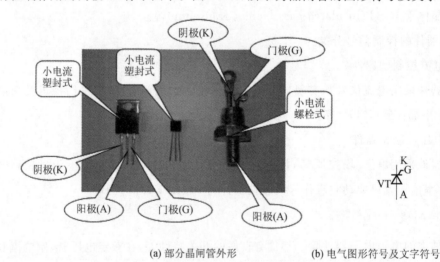

(a) 部分晶闸管外形　　　　　　(b) 电气图形符号及文字符号

图 1-4　晶闸管的外形及符号

晶闸管的内部结构、等效电路和实训模块中所用的晶闸管如图 1-5 所示。

2.工作原理

为了解晶闸管的通电特性,先做一个实验,实验电路如图 1-6 所示。阳极电源 E_a 连接负载 E_L(白炽灯)接到晶闸管的阳极 A 与阴极 K,组成晶闸管的主电路。流过晶闸管阳极的电流称阳极电流 I_a,晶闸管阳极和阴极两端电压,称阳极电压 U_a。门极电源 E_g 连接晶闸管的

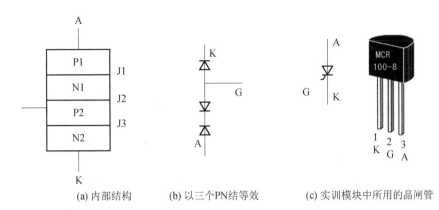

(a) 内部结构　　(b) 以三个PN结等效　　(c) 实训模块中所用的晶闸管

图 1-5　晶闸管的内部结构及等效电路

门极 G 与阴极 K,组成控制电路亦称触发电路。流过门极的电流称门极电流 I_g,门极与阴极之间的电压称门极电压 U_g。用灯泡来观察晶闸管的通断情况。

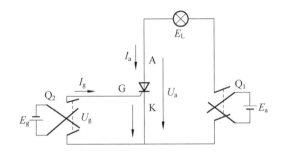

图 1-6　晶闸管导通关断条件实验电路

I_a—阳极电流;I_g—门极电流;U_a—阳极电压;U_g—门极电压

实验现象与结论列于表 1-2。

表 1-2　晶闸管导通和关断实验

实验顺序		实验前灯的情况	实验时晶闸管条件		实验后灯的情况	结　　论
			阳极电压 U_a	门极电压 U_g		
导通实验	1	暗	反向	反向	暗	晶闸管在反向阳极电压作用下,不论门极为何电压,它都处于关断状态
	2	暗	反向	零	暗	
	3	暗	反向	正向	暗	
	1	暗	正向	反向	暗	晶闸管同时在正向阳极电压与正向门极电压作用下,才能导通
	2	暗	正向	零	暗	
	3	暗	正向	正向	亮	
关断实验	1	亮	正向	正向	亮	已导通的晶闸管在正向阳极作用下,门极失去控制作用
	2	亮	正向	零	亮	
	3	亮	正向	反向	亮	
	4	亮	正向(逐渐减小到接近于零)	任意	暗	晶闸管在导通状态时,当阳极电压减小到接近于零时,晶闸管关断

从上面的实验,我们可以总结出晶闸管具有如下特性。

（1）晶闸管具有可控性。当阳极加正向电压、门极加适当正向电压时晶闸管导通；当正向阳极电压消失或反向（实质是流过晶闸管的电流小于维持电流）时晶闸管关断。

（2）晶闸管具有单向导电性。正常工作时的导通方向只能从阳极 A 到阴极 K。

（3）晶闸管一旦导通，门极将失去控制作用。不论门极电压如何，只要有一定的正向阳极电压，晶闸管即保持导通。

（4）未导通时晶闸管承受全部的外加电压，导通后晶闸管只承受很小导通电压，流过晶闸管的电流由主电路电源和负载来决定。

由此可见，晶闸管就是一个受控开关。这种受控性，正是它区别于普通二极管的重要特征。

除了上述实验演示的导通方式，晶闸管其他几种可能导通的情况：包括阳极电压升高至相当高的数值造成雪崩效应；阳极电压上升率 $\mathrm{d}u/\mathrm{d}t$ 过高；结温较高和光触发。光触发可以保证控制电路与主电路之间的良好绝缘而应用于高压电力设备中，称为光控晶闸管。只有门极触发是最精确、迅速而可靠的控制手段。

 如图 1-7 所示，阳极电源为交流电压 u_2，门极在 t_1 瞬间合上开关 S，t_4 时刻断开开关 S，求电阻 R_d 上的电压 u_d。

解 略。

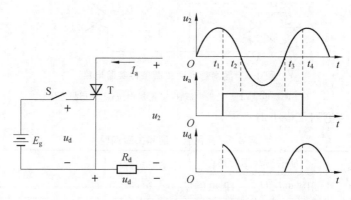

图 1-7　例 1-1 图

实训 1.1　晶闸管特性测试

（一）实训目的

（1）掌握晶闸管的工作特性。

（2）掌握晶闸管对触发电路的要求。

（二）实训设备

（1）MCLMK-09 组件；

（2）DL-CX-004 组件；

（3）DL-CX-002 直流电枢电压；

（4）MCLMK-12 灯泡负载。

1.1　晶闸管
特性测试

（三）实训原理及内容

1.用万用表简单测量晶闸管好坏

用数字万用表的电阻挡测量晶闸管的三个端,正常情况下阳极 A 和阴极 K 之间的电阻为无穷大。门极 G 与阴极 K 间应该有导通值(不论正反),如果这两极间电阻值无穷大或导通值为零可确定器件已损坏。由于晶闸管的门极与阴极间的二极管特性不是很明显,此方法只能用来初步判断晶闸管的好坏。要精确检验晶闸管还得用到触发电路的方法来判断其好坏。

按图 1-8 所示电路图接线,通过调节触发电压完成实训任务,并填写表 1-3。

表 1-3 测试电压

	晶闸管两端电压/V	给定电压/V
灯泡不亮时		
灯泡亮时		

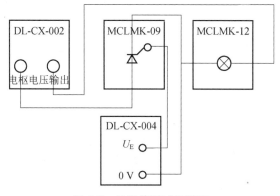

图 1-8 晶闸管测试接线图

2.晶闸管的基本特性与主要参数

1）基本特性

（1）伏安特性。

晶闸管的阳极与阴极间电压和阳极电流之间的关系,称为阳极伏安特性。其伏安特性曲线如图 1-9 所示。

图 1-9 中第 I 象限为正向特性,当 $I_G = 0$ 时,如果在晶闸管两端所加正向电压 U_A 未增到正向转折电压 U_{BO} 时,晶闸管都处于正向阻断状态,只有很小的正向漏电流。当 U_A 增到 U_{BO} 时,则漏电流急剧增大,晶闸管导通,正向电压降低,其特性和二极管的正向伏安特性相仿,称为正向转折或"硬开通"。多次"硬开通"会损坏管子,晶闸管通常不允许这样工作。一般采用对晶闸管的门极加足够大的触发电流使其导通,门极触发电流越大,正向转折电压越低。

晶闸管的反向伏安特性如图 1-9 中第 III 象限所示,它与整流二极管的反向伏安特性相似。处于反向阻断状态时,只有很小的反向漏电流,当反向电压超过反向击穿电压 U_{BO} 时,反向漏电流急剧增大,造成晶闸管反向击穿而损坏。

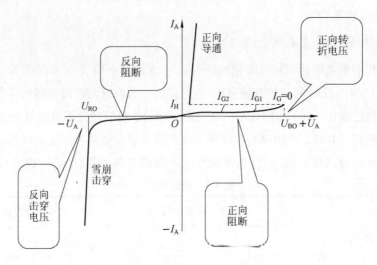

图 1-9 晶闸管阳极伏安特性

（2）开关特性。

晶闸管的结构决定了它的开通和关断并不是瞬间完成的，而是需要一定的时间。当晶闸管工作在较高频率时，其开关过程所花的时间会直接影响其所能工作的频率上限。图 1-10 给出了晶闸管开通和关断过程中电压、电流波形。

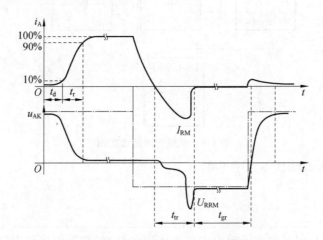

图 1-10 晶闸管的开通和关断过程波形

① 开通过程。

由于晶闸管内部结构使其正向导通需要一定时间，再加上外电路中电感的存在，晶闸管受到触发时，其阳极电流的增长不可能瞬间完成。从门极电流阶跃时刻开始，到阳极电流上升到稳态值的 10%，这段时间称为延迟时间 t_d，与此同时晶闸管的正向压降也在减小。阳极电流从 10% 上升到稳态值的 90% 所需的时间称为上升时间 t_r。两者之和就是晶闸管的开通时间 t_{gt}，即

$$t_{gt} = t_d + t_r \tag{1.1}$$

普通晶闸管延迟时间为 $0.5 \sim 1.5\ \mu s$，上升时间为 $0.5 \sim 3\ \mu s$。其中延迟时间随门极电流的增大而减小。上升时间除反映晶闸管本身特性外，还受到外电路电感的严重影响。此

外,提高阳极电压可显著缩短开通时间。

② 关断过程。

当晶闸管外加电压突然由正向减到零或反向时,由于外电路电感的存在,其阳极电流的减小也必然需要一定时间。随着阳极电压变负,阳极电流逐渐减少到零,后反方向形成反向恢复电流,经过最大值 I_{RM} 后,再反方向减小。同时,当反向阻断恢复电流快速减小时,由于外电路电感的作用,会在晶闸管两端形成反向的尖峰电压 U_{RRM}。

正向电流降为零到反向恢复电流衰减至接近于零的时间,被称为反向阻断恢复时间 t_{rr},晶闸管要恢复其对正向电压的阻断能力还需要一段时间,这段时间被称为正向阻断恢复时间 t_{gr},在正向阻断恢复时间内如果重新对晶闸管施加正向电压,晶闸管会重新正向导通。实际应用中,应对晶闸管施加足够长时间的反向电压,使晶闸管充分恢复其对正向电压的阻断能力,电路才能可靠工作。晶闸管的关断时间 t_q 定义为 t_{rr} 与 t_{gr} 之和,即

$$t_q = t_{rr} + t_{gr} \tag{1.2}$$

普通晶闸管的关断时间为几百微秒。

2) 晶闸管的主要参数

在实际使用的过程中,我们往往要根据实际的工作条件进行管子的合理选择,以达到满意的技术经济效果。怎样才能正确地选择管子呢?这主要包括两个方面:一方面要根据实际情况确定所需晶闸管的额定值;另一方面根据额定值确定晶闸管的型号。

晶闸管的各项额定参数在晶闸管生产后,由厂家经过严格测试而确定,作为使用者来说,只需要能够正确地选择管子就可以了。表1-4 列出了晶闸管的一些主要参数。

表1-4　晶闸管的主要参数

参数	通态平均电流	断态重复峰值电压、反向重复峰值电压	额定结温	门极触发电流	门极触发电压	维持电流	断态电压临界上升率 du/dt	通态电流临界上升率 di/dt	浪涌电流
符号	$I_{T(AV)}/A$	$U_{DRM}、U_{RRM}/V$	$T_j/℃$	I_{GT}/mA	U_{GT}/A	I_H/mA	$(V/\mu s)$	$(A/\mu s)$	I_{TSM}/A
KP1	1	100~3000	100	3~30	≤2.5	≤10			20
KP3	3	100~3000	100	5~70	≤3.5	≤30			56
KP5	5	100~3000	100	5~70	≤3.5	≤60			90
KP10	10	100~3000	100	5~100	≤3.5	≤100			190
KP20	20	100~3000	100	5~100	≤3.5	≤100			380
KP30	30	100~3000	100	8~150	≤3.5	≤150			560
KP50	50	100~3000	100	8~150	≤3.5	≤200			940
KP100	100	100~3000	115	10~250	≤4	≤200	25~1000	25~500	1880
KP200	200	100~3000	115	10~250	≤4	≤200			3770
KP300	300	100~3000	115	20~300	≤5	≤200			5650
KP400	400	100~3000	115	20~300	≤5	≤300			7540
KP500	500	100~3000	115	20~300	≤5				9420
KP600	600	100~3000	115	30~350	≤5				11160
KP800	800	100~3000	115	30~350	≤5				14920
KP1000	1000	100~3000	115	40~400	≤5				18600

（1）晶闸管的重复峰值电压和额定电压。

① 断态重复峰值电压 U_{DRM}。

在图 1-9 所示的晶闸管的阳极伏安特性中，我们规定，当门极断开，晶闸管处在额定结温时，允许重复加在管子上的正向峰值电压为晶闸管的断态重复峰值电压，用 U_{DRM} 表示。它是由伏安特性中的正向转折电压 U_{BO} 减去一定裕量，成为晶闸管的断态不重复峰值电压 U_{DSM}，然后再乘以 90% 而得到的。至于断态不重复峰值电压 U_{DSM} 与正向转折电压 U_{BO} 的差值，则由生产厂家自定。这里需要说明的是，晶闸管正向工作时有两种工作状态：阻断状态简称断态；导通状态简称通态。参数中提到的断态和通态一定是正向的，因此，"正向"两字可以省去。

② 反向重复峰值电压 U_{RRM}。

相似的，我们规定当门极断开，晶闸管处在额定结温时，允许重复加在管子上的反向峰值电压为反向重复峰值电压，用 U_{RRM} 表示。它是由伏安特性中的反向击穿电压 U_{RO} 减去一定裕量，成为晶闸管的反向不重复峰值电压 U_{RSM}，然后再乘以 90% 而得到的。至于反向不重复峰值电压 U_{RSM} 与反向转折电压 U_{RO} 的差值，则由生产厂家自定。一般晶闸管若承受反向电压，它一定是阻断的。因此参数中"阻断"两字可省去。

③ 额定电压 U_{Tn}。

将 U_{DRM} 和 U_{RRM} 中的较小值按百位取整后作为该晶闸管的额定值。例如：一晶闸管实测 $U_{DRM}=812\ V$，$U_{RRM}=756\ V$，将两者较小的 756 V 按表 1-3 取整得 700 V，该晶闸管的额定电压为 700 V。

在晶闸管的铭牌上，额定电压是以电压等级的形式给出的，通常标准电压等级规定为：电压在 1000 V 以下，每 100 V 为一级，1000 V 到 3000 V，每 200 V 为一级，用百位数或千位和百位数表示级数。电压等级见表 1-5。

表 1-5　晶闸管标准电压等级

级别	正反向重复峰值电压/V	级别	正反向重复峰值电压/V	级别	正反向重复峰值电压/V
1	100	8	800	20	2000
2	200	9	900	22	2200
3	300	10	1000	24	2400
4	400	12	1200	26	2600
5	500	14	1400	28	2800
6	600	16	1600	30	3000
7	700	18	1800		

在使用过程中，环境温度的变化、散热条件以及出现的各种过电压都会对晶闸管产生影响，因此在选择管子的时候，应当使晶闸管的额定电压是实际工作时可能承受的最大电压的

2～3 倍,即:

$$U_{Tn} \geqslant (2 \sim 3)U_{TM} \tag{1.3}$$

④ 通态平均电压 $U_{T(AV)}$。

在规定环境温度、标准散热条件下,元件通以正弦半波额定电流时,阳极和阴极间电压降的平均值,称为通态平均电压(一般称管压降),其数值按表 1-6 所示分组。从减小损耗和元件发热来看,应选择 $U_{T(AV)}$ 较小的管子。实际当晶闸管流过较大的恒定直流电流时,其通态平均电压比元件出厂时定义的值要大,约为 1.5 V。

表 1-6　晶闸管通态平均电压分组

组别	A	B	C
通态平均电压/V	$U_{T(AV)} \leqslant 0.4$	$0.4 < U_{T(AV)} \leqslant 0.5$	$0.5 < U_{T(AV)} \leqslant 0.6$
组别	D	E	F
通态平均电压/V	$0.6 < U_{T(AV)} \leqslant 0.7$	$0.7 < U_{T(AV)} \leqslant 0.8$	$0.8 < U_{T(AV)} \leqslant 0.9$
组别	G	H	I
通态平均电压/V	$0.9 < U_{T(AV)} \leqslant 1.0$	$1.0 < U_{T(AV)} \leqslant 1.1$	$1.1 < U_{T(AV)} \leqslant 1.2$

(2)晶闸管的通态平均电流-额定电流 $I_{T(AV)}$。

由于整流设备的输出端所接负载常用平均电流来表示,晶闸管额定电流的标定与其他电器设备不同,采用的是平均电流,而不是有效值,又称为通态平均电流。所谓通态平均电流是指在环境温度为 40℃ 和规定的冷却条件下,晶闸管在导通角不小于 170° 电阻性负载电路中,结温稳定在额定值 125℃ 时,所允许通过的工频正弦半波电流的平均值。将该电流按晶闸管标准电流系列取值(见表 1-3),称为晶闸管的额定电流。

选用一个晶闸管时,要根据所通过的具体电流波形来计算出允许使用的电流有效值,该值要小于晶闸管额定电流对应的有效值,晶闸管才不会损坏。为了将不同电源环境和导通角时的电流有效值对应到通态平均电流(即额定电流),引入了波形系数这个概念。

任何一含有直流分量的电流波形,都有一个电流平均值 I_d(一个周期内电流波形面积的平均值),也有一个电流的有效值 I_T,该电流有效值 I_T 与电流平均值 I_d 之比,则为该电流的波形系数。即:

$$K_f = \frac{I_T}{I_d} \tag{1.4}$$

具有相同平均值而波形不同的电流,因波形系数不同而具有不同的有效值。

如图 1-11 所示的正弦半波,是用来定义晶闸管额定电流的电流波形,其波形系数可按以下方法求得。

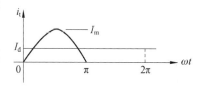

图 1-11　晶闸管的通态平均电流

设该正弦波峰值电流为 I_m,由平均值的定义,其通态平均电流为:

$$I_d = \frac{1}{2\pi} \int_0^\pi \sin\omega t \, d(\omega t) = \frac{I_m}{\pi} \tag{1.5}$$

根据有效值的定义，其有效值为：

$$I_T = \sqrt{I_d = \frac{1}{2\pi} \int_0^\pi (I_m \sin\omega t)^2 \, d(\omega t)} = \frac{I_m}{2} \tag{1.6}$$

所以，正弦半波电流的波形系数是：

$$K_f = \frac{I_T}{I_d} = \frac{\pi}{2} = 1.57 \tag{1.7}$$

由于晶闸管的额定电流是用正弦半波电流的平均值来定义的，所以非正弦波电流选择晶闸管时需要进行折算（根据有效值相等发热相同的原理）。即：

$$1.57 I_{T(AV)} = K_f I_d \Rightarrow I_{T(AV)} = \frac{K_f I_d}{1.57} \tag{1.8}$$

由于晶闸管的过载能力比一般电机、电器元件小，选用时，应取通态平均电流（折算成正弦半波）的 $1.5 \sim 2$ 倍，作为安全裕量。其额定电流应为：

$$I_{T(AV)} = (1.5 \sim 2) \frac{K_f I_d}{1.57} \tag{1.9}$$

例 1-2　如图 1-12 所示实线部分表示流过晶闸管的电流波形，其最大值均为 I_m，试计算各图的电流平均值、电流有效值和波形系数。如不考虑安全裕量，问额定电流 100 A 的晶闸管允许流过的平均电流分别是多少？

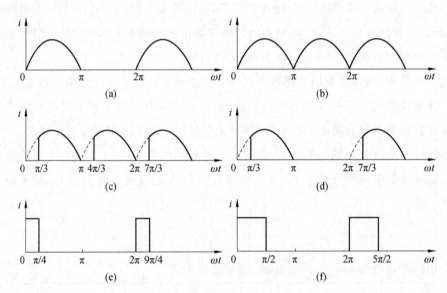

图 1-12　例 1-2 图

解　图 1-12(a)：　　$I_d = \frac{1}{2\pi} \int_0^\pi I \sin\omega t \, d(\omega t) = \frac{I_m}{\pi}$

$$I_T = \sqrt{\frac{1}{2\pi} \int_0^\pi (I_m \sin\omega t)^2 \, d(\omega t)} = \frac{I_m}{2} \qquad K_f = \frac{I_T}{I_d} = 1.57$$

波形系数为 1.57,则有:$1.57 \times I_d = 1.57 \times 100 \text{ A}$,$I_d = 100 \text{ A}$。

图 1-12(b):$\qquad I_d = \dfrac{1}{\pi} \int_0^\pi I_m \sin\omega t \, \mathrm{d}(\omega t) = \dfrac{2}{\pi} I_m$

$$I_T = \sqrt{\frac{1}{\pi} \int_0^\pi (I_m \sin\omega t)^2 \, \mathrm{d}(\omega t)} = \frac{I_m}{\sqrt{2}} \qquad K_f = \frac{I_T}{I_d} = 1.11$$

波形系数为 1.11,则有:$1.11 \times I_d = 1.57 \times 100 \text{ A}$,$I_d = 141.4 \text{ A}$。

图 1-12(c):$\qquad I_d = \dfrac{1}{\pi} \int_{\frac{\pi}{3}}^\pi I_m \sin\omega t \, \mathrm{d}(\omega t) = \dfrac{3}{2\pi} I_m$

$$I_T = \sqrt{\frac{1}{\pi} \int_{\frac{\pi}{3}}^\pi (I_m \sin\omega t)^2 \, \mathrm{d}(\omega t)} = I_m \sqrt{\frac{1}{3} + \frac{\sqrt{3}}{8\pi}} \approx 0.63 I_m \qquad K_f = \frac{I_T}{I_d} = 1.26$$

波形系数为 1.26,则有:$1.26 \times I_d = 1.57 \times 100 \text{ A}$,$I_d = 124.6 \text{A}$。

图 1-12(d):$\qquad I_d = \dfrac{1}{2\pi} \int_{\frac{\pi}{3}}^\pi I_m \sin\omega t \, \mathrm{d}(\omega t) = \dfrac{3}{4\pi} I_m$

$$I_T = \sqrt{\frac{1}{2\pi} \int_{\frac{\pi}{3}}^\pi (I_m \sin\omega t)^2 \, \mathrm{d}(\omega t)} = I_m \sqrt{\frac{1}{6} + \frac{\sqrt{3}}{6\pi}} \approx 0.52 I_m \qquad K_f = \frac{I_T}{I_d} = 1.78$$

波形系数为 1.78,则有:$1.78 \times I_d = 1.57 \times 100 \text{ A}$,$I_d = 88.2 \text{ A}$。

图 1-12(e):$\qquad I_d = \dfrac{1}{2\pi} \int_0^{\frac{\pi}{4}} I_m \, \mathrm{d}(\omega t) = \dfrac{I_m}{8}$

$$I_T = \sqrt{\frac{1}{2\pi} \int_0^{\frac{\pi}{4}} I_m{}^2 \, \mathrm{d}(\omega t)} = \frac{I_m}{2\sqrt{2}} \qquad K_f = \frac{I_T}{I_d} = 2.83$$

波形系数为 2.83,则有:$2.83 \times I_d = 1.57 \times 100 \text{ A}$,$I_d = 55.5 \text{ A}$。

图 1-12(f):$\qquad I_d = \dfrac{1}{2\pi} \int_0^{\frac{\pi}{2}} I_m \, \mathrm{d}(\omega t) = \dfrac{I_m}{4}$

$$I_T = \sqrt{\frac{1}{2\pi} \int_0^{\frac{\pi}{2}} I_m{}^2 \, \mathrm{d}(\omega t)} = \frac{I_m}{2} \qquad K_f = \frac{I_T}{I_d} = 2$$

波形系数为 2,则有:$2 \times I_d = 1.57 \times 100 \text{ A}$,$I_d = 78.5 \text{ A}$。

晶闸管主要按额定电压和额定电流来选择型号,这里总结一下,具体如下。

额定电压:通常取晶闸管的断态重复峰值电压 U_{DRM} 和反向重复峰值电压 U_{RRM} 中较小的数值,并按标准电压等级取整数,作为该器件的额定电压。而选用晶闸管的额定电压应为其正常工作峰值电压的 2~3 倍,作为安全裕量。

额定电流:将晶闸管的通态平均电流按晶闸管标准电流系列取相应的电流等级,即称为该晶闸管的额定电流。选用时,应选为通态平均电流(折算成正弦半波)的 1.5~2 倍,作为安全裕量。

■ 例 1-3　　单相正弦交流电源,晶闸管和负载电阻串联,如图 1-13 所示,交流电源电压有效值为 220 V。

① 考虑安全裕量,应如何选取晶闸管的额定电压?

② 若当电流的波形系数为 $K_f = 2.22$ 时,通过晶闸管的平均电流为 100 A,考虑晶闸管的安全裕量,应如何选择晶闸管的额定电流?

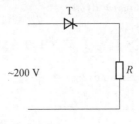

~200 V   R

图 1-13 例 1-3 图

解 ① 考虑安全裕量,取实际工作电压的 $2 \sim 3$ 倍。

$U_{Tn} \geqslant (2 \sim 3)U_{TM} = (2 \sim 3)\sqrt{2} \times 220\text{V} = 622 \sim 933 \text{ V}$,取 700 V。

② 因为 $K_f = 2.22$,则晶闸管的额定电流为:

$I_{T(AV)} \geqslant (1.5 \sim 2) \dfrac{I_T}{1.57} = (1.5 \sim 2) \times \dfrac{2.22 \times 100}{1.57}\text{A} = 212 \sim 282 \text{ A}$,取 300 A。

(3) 门极触发电流 I_{gT} 和门极触发电压 U_{gT}。

室温下,在晶闸管的阳极-阴极加上 6 V 的正向阳极电压,管子由断态转为通态所必需的最小门极电流,称为门极触发电流 I_{gT}。产生门极触发电流 I_{gT} 所必需的最小门极电压,称为门极触发电压 U_{gT}。

晶闸管的铭牌上都标明了其触发电流和电压在常温下的实测值,但触发电流、电压受温度的影响很大,温度升高,U_{gT}、I_{gT} 值会显著降低;温度降低,U_{gT}、I_{gT} 值又会增大。为了保证晶闸管的可靠导通,常常采用实际的触发电流比规定的触发电流大。

(4) 浪涌电流 I_{TSM}。

I_{TSM} 是一种由于电路异常情况(如故障)引起的并使结温超过额定结温的不重复性最大正向过载电流。用峰值表示,见表 1-3。浪涌电流有上下两个级,这些不重复电流定额用来设计保护电路。

(5) 维持电流 I_H 和擎住电流 I_L。

在室温下门极断开时,元件从较大的通态电流降到刚好能保持导通的最小阳极电流称为维持电流 I_H,一般为几十到几百毫安。维持电流与结温有关,结温越高,维持电流越小,晶闸管越难关断。

在晶闸管加上触发电压,当元件从阻断状态刚转为导通状态就去除触发电压,此时要保持元件持续导通所需要的最小阳极电流,称为擎住电流 I_L。

对同一个晶闸管来说,通常擎住电流比维持电流大数倍。

(6) 断态电压临界上升率 du/dt 和通态电流临界上升率 di/dt。

du/dt 是在额定结温和门极开路的情况下,不导致从断态到通态转换的最大阳极电压上升率。电压上升率过大,就会使晶闸管误触发导通。实际使用时的电压上升率必须低于此规定值(见表1-3)。

$\mathrm{d}i/\mathrm{d}t$ 是在规定条件下,晶闸管能承受而无有害影响的最大通态电流上升率。如果阳极电流上升得太快,可能造成局部过热而使晶闸管损坏。晶闸管必须规定允许的最大通态电流上升率。其允许值见表1-3。

3.晶闸管的型号

根据国家的有关规定,普通晶闸管的型号及含义如图1-14所示。

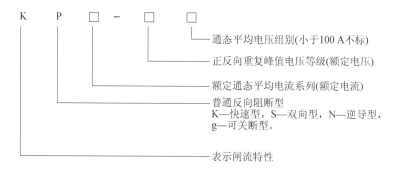

图1-14　普通晶闸管的型号及含义

例 1-4　根据例1-3的结论,确定晶闸管的型号?

解　由例1-3计算的结果可以确定晶闸管应选用的型号为:KP300-7。

◀ 任务2　单相半波可控整流电路的构建与调试 ▶

1.3　单相半波可控整流电路

1.电阻性负载

最简单的晶闸管整流电路是单相半波可控整流电路,图1-15(a)所示为单相半波可控整流电路,整流变压器起变换电压和隔离的作用,其一次和二次电压瞬时值分别用 u_1 和 u_2 表示,二次电压 u_2 为工频交流电,其表达式为

$$u_2 = \sqrt{2}U_2\sin\omega t \tag{1.10}$$

电阻性负载的特点是电压与电流成正比,两者波形相同。在分析整流电路工作时,认为晶闸管(开关器件)为理想器件,即晶闸管导通时其管压降等于零,晶闸管阻断时其漏电流等于零,除非特意研究晶闸管的开通、关断过程,一般认为晶闸管的开通与关断过程瞬时完成。

当晶闸管 VT 导通后可在负载两端得到脉动的直流电压,如图1-15(b)所示。改变触发时刻,u_d 和 i_d 波形随之改变,由于该波形只在 u_2 正半周内出现,故称"半波"整流。加之电路

采用可控器件晶闸管，且交流输入为单相，故称为"单相半波可控"整流电路。

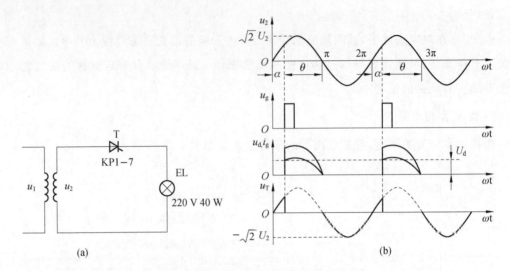

图 1-15　单相半波可控整流电路及其波形

1）工作原理

在单相可控整流电路中，定义晶闸管从承受正向电压起到触发导通之间的电角度 α 称为控制角（或移相角），晶闸管在一个周期内导通的电角度称为导通角，用 θ 表示，显然

$$\theta = \pi - \alpha \tag{1.11}$$

从上式可以看出，控制角越小，导通角越大。

（1）$\alpha = 0°$ 时的波形分析。

图 1-16 是 $\alpha = 0°$ 时负载两端输出电压和晶闸管两端电压的理论波形。从图 1-16 中可以看出，在电源电压 u_2 正半周区间内，在电源电压的过零点，即 $\alpha = 0°$ 时刻加入触发脉冲使晶闸管导通，负载上得到电压 u_d 的波形与电源电压 u_2 的波形相同。

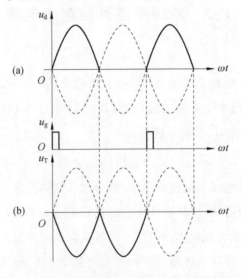

图 1-16　$\alpha = 0°$ 时输出电压和晶闸管两端电压的理论波形

当电源电压 u_2 过零时,晶闸管也同时关断,负载上无输出电压;在电源电压 u_2 负半周内,晶闸管承受反向电压不能导通,直到第二周期 $\alpha = 0°$ 触发电路再次施加触发脉冲时,晶闸管再次导通。

图 1-16(b)所示为 $\alpha = 0°$ 时晶闸管两端电压的理论波形图。在晶闸管导通期间,忽略晶闸管的管压降,$u_T = 0$;在晶闸管截止期间,管子将承受全部反向电压。

(2) $\alpha = 30°$ 时的波形分析。

图 1-17(a)所示为 $\alpha = 30°$ 的输出电压的理论波形。在电源电压过零点到 $\alpha = 30°$ 之间的区间上,虽然晶闸管已经承受正向电压,但由于没有触发脉冲,晶闸管处于截止状态。在 $\alpha = 30°$ 时,晶闸管承受正向电压,此时加入触发脉冲使晶闸管导通,负载上得到与电源电压 u_2 相同波形;同样当电源电压 u_2 过零时,晶闸管也同时关断,负载上无输出电压。

图 1-17(b)所示为 $\alpha = 30°$ 时晶闸管两端的理论波形图。其原理与 $\alpha = 0°$ 相同。

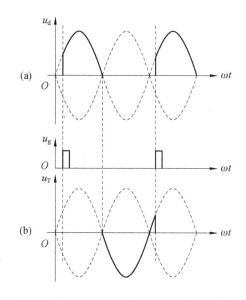

图 1-17 $\alpha = 30°$ 时输出电压和晶闸管两端电压的理论波形

图 1-18 所示为 $\alpha = 30°$ 时实际电路中用示波器测得的输出电压和晶闸管两端电压波形,可与理论波形对照进行比较。

将示波器探头接于白炽灯两端,调节幅值和周期旋钮,使示波器稳定显示至少一个周期的完整波形,并且使每个周期的宽度在示波器上显示为六个方格(即每个方格对应的电角度为 60°)。调节电路,使示波器显示的输出电压的波形对应于控制角 α 的角度为 30°,如图 1-18(a)所示,可与理论波形对照进行比较。

将探头接于晶闸管两端,测试晶闸管在控制角 α 的角度为 30° 时两端电压的波形,如图 1-18(b)所示,可与理论波形对照进行比较。

(3) 其他角度时的波形分析。

继续改变触发脉冲的加入时刻,我们可以分别得到控制角 α 为 60°、90°、150° 时输出电压

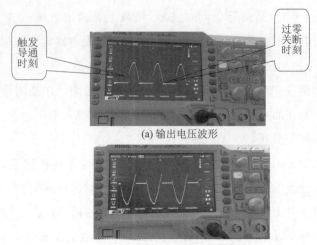

(a) 输出电压波形

(h) 晶闸管两端电压波形

图 1-18 $\alpha=30°$ 时输出电压和晶闸管两端电压的实测波形

和管子两端的波形,如图 1-19、图 1-20、图 1-21 所示分别为理论波形和实测波形。其原理请自行分析。

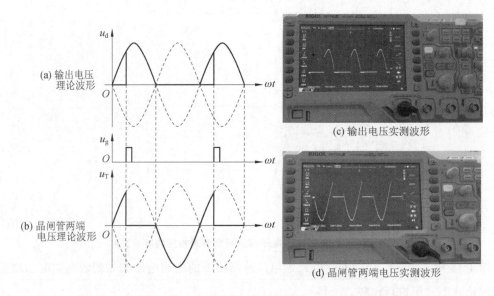

(a) 输出电压理论波形

(c) 输出电压实测波形

(b) 晶闸管两端电压理论波形

(d) 晶闸管两端电压实测波形

图 1-19 $\alpha=60°$ 时输出电压和晶闸管两端电压的理论波形和实测波形

可以看出,在单相半波整流电路中,改变控制角 α 的大小(即改变触发脉冲出现的时刻),可以改变输出电压的大小。这种通过控制触发脉冲相位来控制直流输出电压大小的方式称为相位控制方式,简称相控方式。我们将改变控制角 α 大小的过程称之为移相。一个周期内触发脉冲的移相范围决定了输出电压的取值范围。

2) 基本的物理量计算

(1) 输出电压平均值与电流平均值的计算。

$$U_{\mathrm{d}} = \frac{1}{2\pi}\int_{\alpha}^{\pi}\sqrt{2}U_2\sin\omega t\,\mathrm{d}(\omega t) = 0.45U_2\frac{1+\cos\alpha}{2} \tag{1.12}$$

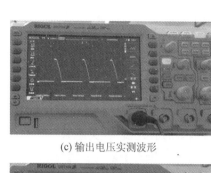

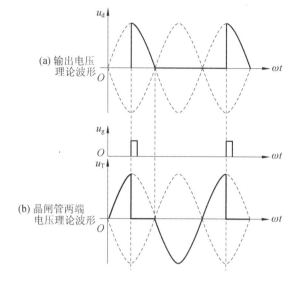

(c) 输出电压实测波形

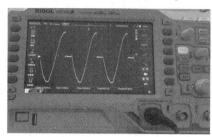

(d) 晶闸管两端电压实测波形

图 1-20 $\alpha=90°$ 时输出电压和晶闸管两端电压的理论波形和实测波形

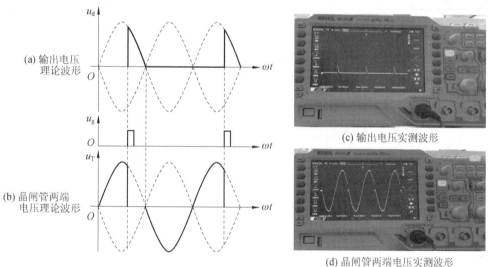

图 1-21 $\alpha=150°$ 时输出电压和晶闸管两端电压的理论波形和实测波形

$$I_{d} = \frac{U_{d}}{R_{d}} = 0.45 \frac{U_{2}}{R_{d}} \frac{1+\cos\alpha}{2} \tag{1.13}$$

上式表明,当 $\alpha=0°$ 时,输出直流电压平均值 $U_{d}=0.45\,U_{2}$ 为最大值。当 $\alpha=\pi$ 时, $U_{d}=0$ 。 α 越大,输出电压越小; α 越小,输出电压越大。只要控制触发脉冲送出的时刻, U_{d} 就可以在 0 $\sim 0.45\,U_{2}$ 之间连续变化,实现直流电压连续可调的要求。控制角 α 的移相范围为 $0\sim\pi$ 。

（2）输出电压有效值与电流有效值的计算。

根据有效值的定义, U 应是 u_{d} 波形的均方根值,即

$$U = \sqrt{\frac{1}{2\pi}\int_{\alpha}^{\pi}(\sqrt{2}U_{2}\sin\omega t)^{2}\,\mathrm{d}(\omega t)} = U_{2}\sqrt{\frac{\pi-\alpha}{2\pi}+\frac{\sin 2\alpha}{4\pi}} \tag{1.14}$$

输出电流有效值的计算：

$$I = \frac{U_2}{R_d} \sqrt{\frac{\pi - \alpha}{2\pi} + \frac{\sin 2\alpha}{4\pi}} \qquad (1.15)$$

（3）晶闸管电流有效值与管子两端可能承受的最大电压。

在单相半波可控整流电路中，晶闸管与负载串联，所以负载电流的有效值也就是流过晶闸管电流的有效值，其关系为：

$$I_T = I = \frac{U_2}{R_d} \sqrt{\frac{\pi - \alpha}{2\pi} + \frac{\sin 2\alpha}{4\pi}} \qquad (1.16)$$

由上述图中 u_T 波形可知，晶闸管可能承受的正反向峰值电压为：

$$U_{TM} = \sqrt{2} U_2 \qquad (1.17)$$

（4）功率因数。

$$\cos \varphi = \frac{P}{S} = \frac{UI}{U_2 I} = \sqrt{\frac{\pi - \alpha}{2\pi} + \frac{\sin 2\alpha}{4\pi}} \qquad (1.18)$$

作为电力系统的一个重要的技术数据，功率因数用于衡量电气设备效率的高低。功率因数低，说明电路的无功功率大，设备的利用率低，增加了线路供电损失。从上式可知，控制角 α 越大，相控整流输出电压越低，功率因数越小。当 $\alpha = 0$ 时，$\cos \varphi = 0.707$ 为最大值。这说明即使是电阻性负载，功率因数也不会等于 1，主要原因是电路的输出电流中不仅存在谐波，而且基波电流与基波电压（即电源输入正弦电压）也不同相。

■ 例 1-5 单相半波可控整流电路，阻性负载，电源电压 U_2 为 220 V，要求的直流输出电压为 50 V，直流输出平均电流为 20 A，试计算：

① 晶闸管的控制角 α。

② 输出电流有效值。

③ 电路功率因数。

④ 晶闸管的额定电压和额定电流，并选择晶闸管的型号。

解 ① 由 $U_d = 0.45 U_2 \dfrac{1 + \cos\alpha}{2}$ 计算输出电压为 50 V 时的晶闸管控制角 α：

$$\cos \alpha = \frac{2 \times 50}{0.45 \times 220} - 1 \approx 0$$

求得 $\alpha = 90°$。

② $$R_d = \frac{U_d}{I_d} = \frac{50}{20} \ \Omega = 2.5 \ \Omega$$

当 $\alpha = 90°$ 时：

$$I = \frac{U_2}{R_d} \sqrt{\frac{\pi - \alpha}{2\pi} + \frac{\sin 2\alpha}{4\pi}} = 44.4 \text{A}$$

③ $$\cos\varphi = \frac{P}{S} = \frac{UI}{U_2 I} = \sqrt{\frac{\pi - \alpha}{2\pi} + \frac{\sin 2\alpha}{4\pi}} = 0.5$$

④ 由 $I_{T(AV)} \geqslant (1.5 \sim 2)\dfrac{I_T}{1.57}$，取 $1.5 \sim 2$ 倍安全裕量，晶闸管的额定电流为 $I_{T(AV)} \geqslant$ $42.4 \sim 55.6$ A。按电流等级可取额定电流 50 A。

晶闸管的额定电压为 $U_{Tn} = (2 \sim 3)U_{TM} = (2 \sim 3)\sqrt{2} \times 220$ V $= 622 \sim 933$V，按电压等级可取额定电压 700 V 即 7 级。因此选择晶闸管型号为 KP50-7。

2.电感性负载

直流负载的感抗 ω_L 和电阻 R_d 的大小相比不可忽略时，这种负载称为电感性负载。属于此类负载的有：工业上电机的励磁线圈、输出串接电抗器的负载等。电感性负载与电阻性负载时有很大不同。为了便于分析，在电路中把电感 L 与电阻 R_d 分开，如图 1-22 所示。

我们知道，电感线圈是储能元件，当电流 i_d 流过线圈时，该线圈就储存有磁场能量，i_d 愈大，线圈储存的磁场能量也愈大，当 i_d 减小时，电感线圈就要将所储存的磁场能量释放出来，试图维持原有的电流方向和电流大小。电感本身是不消耗能量的。众所周知，能量的存放是不能突变的，可见当流过电感线圈的电流增大时，L 两端就要产生感应电动势，即 $u_L = L_d\dfrac{\mathrm{d}i_d}{\mathrm{d}t}$，其方向应阻止 i_d 的增大，如图 1-22（a）所示。反之，i_d 要减小时，L 两端感应的电动势方向应阻碍的 i_d 减小，如图 1-22（b）所示。因此电感性负载的特点是电压与电流不成正比，电流波形滞后于电压波形。

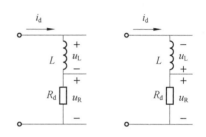

(a) 电流 i_d 增大时 L 两端感应电动势方向　(b) 电流 i_d 减小时 L 两端感应电动势方向

图 1-22　电感线圈对电流变化的阻碍作用

1）工作原理

图 1-23 所示为电感性负载无续流二极管某一控制角 α 时输出电压、电流的理论波形，从波形图上可以看出以下几点。

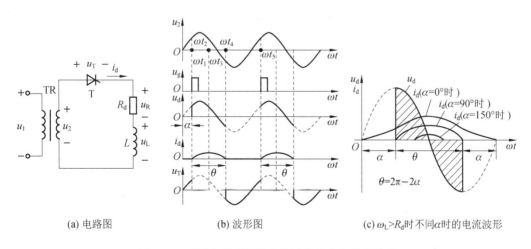

(a) 电路图　　　　(b) 波形图　　　　(c) $\omega_L > R_d$ 时不同 α 时的电流波形

图 1-23　感性负载单相半波可控整流电路及其波形

（1）在 $0 \sim \alpha$ 期间：晶闸管阳极电压大于零，此时晶闸管门极没有触发信号，晶闸管处于正向阻断状态,输出电压和电流都等于零。

(2) 在 α 时刻:门极加上触发信号,晶闸管被触发导通,电源电压 u_2 施加在负载上,输出电压 $u_d = u_2$。由于电感的存在,在 u_d 的作用下,负载电流 i_d 只能从零按指数规律逐渐上升。

(3) 在 π 时刻:交流电压过零,由于电感的存在,流过晶闸管的阳极电流仍大于零,晶闸管会继续导通,此时电感储存的能量一部分释放变成电阻的热能,同时另一部分送回电网,电感的能量全部释放完后,晶闸管在电源电压 u_2 的反压作用下而截止。直到下一个周期的正半周,即 $2\pi + \alpha$ 时刻,晶闸管再次被触发导通。如此循环,其输出电压、电流波形如图 1-23(b)所示。

由于电感的存在,使得晶闸管的导通角增大,在电源电压由正到负的过零点也不会关断,使负载电压波形出现部分负值,其结果使输出电压平均值 U_d 减小。电感越大,维持导电时间越长,输出电压负值部分占的比例越大,U_d 减少越多。当电感 L 非常大时(满足 $\omega_L \gg R_d$,通常 $\omega_L > 10R_d$ 即可),对于不同的控制角 α,导通角 θ 将接近 $2\pi - 2\alpha$,这时负载上得到的电压波形正负面积接近相等,平均电压 $U_d \approx 0$,如图 1-23(c)所示。可见,不管如何调节控制角 α,U_d 值总是很小,电流平均值 I_d 也很小,没有实用价值。

实际的单相半波可控整流电路在带有电感性负载时,都在负载两端并联有续流二极管。为了使电源电压过零变负时能及时地关断晶闸管,使 u_d 波形不出现负值,又能给电感线圈 L 提供续流的旁路,可以在整流输出端并联二极管,该二极管为电感负载在晶闸管关断时提供续流回路。如图 1-24 所示为电感性负载接续流二极管电路及某一控制角 α 时输出电压、电流的理论波形。

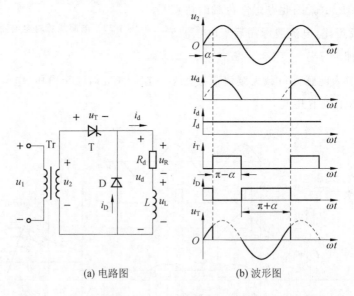

(a) 电路图　　　　　　　(b) 波形图

图 1-24　大电感负载接续流二极管的单相半波整流电路及其波形

从波形图上可以看出以下几点。

① 在电源电压正半周(0~π 区间),晶闸管承受正向电压,触发脉冲在 α 时刻触发晶闸管导通,负载上有输出电压和电流。在此期间续流二极管 D 承受反向电压而关断。

② 在电源电压负半周(π~2π 区间),电感的感应电压使续流二极管 D 承受正向电压导

通续流,此时电源电压 $u_2 < 0$,u_2 通过续流二极管使晶闸管承受反向电压而关断,负载两端的输出电压仅为续流二极管的管压降。如果电感足够大,续流二极管一直导通到下一周期晶闸管导通,使电流 i_d 连续,且 i_d 波形近似为一条直线。

电阻负载加续流二极管后,输出电压波形与电阻性负载波形相同,负载电流波形连续且近似为一条直线,如果电感无穷大,则负载电流为一直线。流过晶闸管和续流二极管的电流波形是矩形波。

2) 基本的物理量计算

(1) 无续流二极管时。

输出电压平均值:

$$U_d = U_{dR} + U_{dL} = \frac{1}{2\pi} \int_{\alpha}^{\alpha+\theta} u_R \mathrm{d}(\omega t) + \frac{1}{2\pi} \int_{\alpha}^{\alpha+\theta} u_L \mathrm{d}(\omega t) \tag{1.19}$$

$$U_{dL} = \frac{1}{2\pi} \int_{\alpha}^{\alpha+\theta} u_L \mathrm{d}(\omega t) = \frac{1}{2\pi} \int_{\alpha}^{\alpha+\theta} L \frac{\mathrm{d}i}{\mathrm{d}t} \cdot \mathrm{d}(\omega t) = \frac{\omega_L}{2\pi} \int_{0}^{0} \mathrm{d}i = 0 \tag{1.20}$$

故

$$U_d = \frac{1}{2\pi} \int_{\alpha}^{\alpha+\theta} u_R \mathrm{d}(\omega t) \tag{1.21}$$

上式表明,感性负载上的电压平均值等于负载电阻上的电压平均值。

(2) 接续流二极管时。

输出电压平均值与电流平均值:

$$U_d = 0.45 U_2 \frac{1+\cos\alpha}{2} \tag{1.22}$$

$$I_d = \frac{U_d}{R_d} = 0.45 \frac{U_2}{R_d} \frac{1+\cos\alpha}{2} \tag{1.23}$$

流过晶闸管电流的平均值与有效值:

$$I_{dT} = \frac{\pi-\alpha}{2\pi} I_d \tag{1.24}$$

$$I_T = \sqrt{\frac{1}{2\pi} \int_{\alpha}^{\pi} I_d^2(\omega t)} = \sqrt{\frac{\pi-\alpha}{2\pi}} I_d \tag{1.25}$$

流过续流二极管电流的平均值和有效值:

$$I_{dD} = \frac{\pi+\alpha}{2\pi} I_d \tag{1.26}$$

$$I_D = \sqrt{\frac{\pi+\alpha}{2\pi}} I_d \tag{1.27}$$

晶闸管和续流二极管承受的最大正反向电压都为电源电压的峰值,即:

$$U_{TM} = U_{DM} = \sqrt{2} U_2 \tag{1.28}$$

单相半波可控整流电路优点是线路简单,调整方便,缺点是输出电压脉动大,电阻性负载时负载电流脉动大,且整流变压器次级绕组中存在直流分量,造成变压器铁芯磁化,变压器容量不能充分利用。若不用变压器,则交流回路中有直流电流,使电网波形畸变引起额外损耗。因此单相半波可控整流电路只适用于小容量、波形要求不高的场合。

1.4 电力电子器件的驱动

在单相半波可控整流电路中,除了整流主电路,还有一个必不可少的部分,就是驱动电路。驱动电路是主电路与控制电路的接口,用于产生触发信号控制电力电子器件的导通和关断。一般来说,电力电子器件的驱动电路接收控制系统的控制信号,经处理后给电力电子器件的控制极提供足够大的电压或电流(驱动信号),使之立即导通,此后必须维持通态,直到接收关断信号后立即使电力电子器件从通态转为断态,并保持断态。好的驱动电路能缩短开关时间,减小开关损耗。

对半控型器件(如晶闸管)只需提供开通控制信号。对全控型器件则既要提供开通控制信号,又要提供关断控制信号。很多情况下,驱动电路中都有电气隔离环节,通过脉冲变压器或光电耦合器来实现。

对驱动电路的要求,主要包括以下几点。

(1) 提供合适的保证开关器件可靠导通与关断的驱动信号。

(2) 在高压变换电路中,需要对控制系统和主电路之间进行电气隔离。

(3) 具有自动保护功能,以便在故障发生时快速自动切除驱动信号,避免损坏开关管。

(4) 电路尽可能简单、工作稳定可靠、抗干扰能力强。

1.5 单结晶体管触发电路

对于使用晶闸管的电路,除了在晶闸管的阳极加上正向电压外,还必须在门极和阴极之间加上触发信号,晶闸管才能从阻断转变为导通。一般习惯将提供这个触发信号的电路称为晶闸管的触发电路。

1.晶闸管对触发信号的要求

(1) 触发信号可为直流、交流或脉冲电压,由于晶闸管导通后门极触发信号就失去了控制作用,为了减少门极损耗,一般采用脉冲电压作为触发信号。

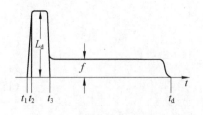

(2) 触发信号应该具有足够的触发功率(触发电压和触发电流),以保证晶闸管可靠导通。

(3) 触发脉冲应有一定的宽度,脉冲的前沿要陡峭,如图 1-25 所示。前沿陡可以使阳极电流迅速上升到超过擎住电流而维持导通。而对宽度的要求则是因为晶闸管的导通需要时间,普通晶闸管的导通时间为几微秒至十几微秒,对于感性负载,由于电感对电流的抑制作用,触发脉冲的宽度应更大一些。

图 1-25 理想的晶闸管触发脉冲电流波形

$t_1 \sim t_2$:脉冲前沿上升时间($< 1\ \mu s$);$t_1 \sim t_3$:强脉冲宽度;I_M:强脉冲幅值($3I_{GT} \sim 5I_{GT}$);$t_1 \sim t_4$:脉冲宽度;I:脉冲平顶幅值($1.5I_{GT} \sim 2I_{GT}$)

（4）触发脉冲必须与主电路晶闸管的阳极电压同步，并能根据电路要求在一定的移相范围内移相。

2.单结晶体管触发电路

单相半波可控整流电路的触发常采用单结晶体管触发电路。图 1-26 中的 Q_1 就是单结晶体管。

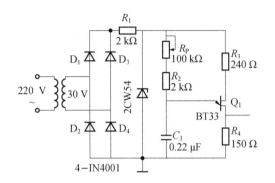

图 1-26 单结晶体管触发电路

单结晶体管触发电路由自激振荡、同步电源、移相、脉冲形成等部分组成，具有简单、可靠、抗干扰能力强、温度补偿性能好、脉冲前沿陡等优点，在小容量的晶闸管装置中得到了广泛应用。

1）单结晶体管的结构

单结晶体管是一种特殊的半导体器件，有三个电极，只有一个 PN 结，因此称为"单结晶体管"。又因为管子有两个基极，所以又称为"双基极二极管"。单结晶体管的结构如图 1-27(a)所示，图中 e 为发射极，b_1 为第一基极，b_2 为第二基极。

单结晶体管的等效电路如图 1-27(b)所示，两个基极之间的电阻 $r_{bb} = r_{b1} + r_{b2}$，在正常工作时，r_{b1} 是随发射极电流 I_e 大小而变化，相当于一个可变电阻。PN 结可等效为二极管 D，它的正向导通压降常为 0.7 V。单结晶体管的图形符号如图 1-27(c)所示，其外形与管脚排列如图 1-27(d)所示。

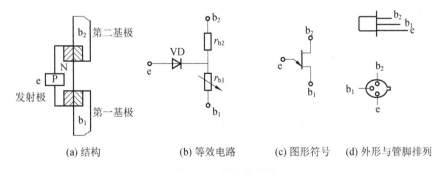

(a) 结构　　　(b) 等效电路　　　(c) 图形符号　　　(d) 外形与管脚排列

图 1-27 单结晶体管

在两基极 b_1 和 b_2 之间加直流电压，当发射极 e 与第二基极 b_2 之间的电压一旦达到其临界值它就瞬间饱和导通，利用此特性单结晶体管常用于触发电路。

2）单结晶体管的伏安特性

我们可以通过如图 1-28 所示的电路测试单结晶体管的伏安特性,由于管子加了一定的基极电压,因此单结管内部 A 点具有初始电压 U_A,在 U_e 没有达到 $U_A + 0.7\ \mathrm{V}$ 时,管子截止。当 U_e 达到峰点电压 U_P 时,二极管迅速导通,I_e 显著增大,使 R_{b1} 减小,形成强烈的正反馈,称为负阻特性。当 U_e 降到谷点电压 U_v 后,管子达到饱和状态。U_v 是维持导通的最小发射极电压。

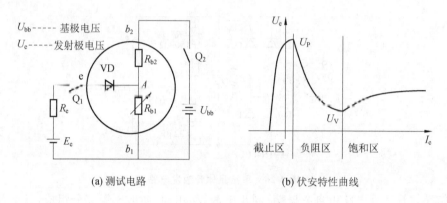

(a) 测试电路　　　　　　　　　　(b) 伏安特性曲线

图 1-28　单结晶体管伏安特性测试

3）单结晶体管的测试

把万用表置于 $R \times 1\ \mathrm{k}$ 挡位,黑表笔接假设的发射极,红表笔接另外两极,当出现两次低电阻时,黑表笔接的就是单结晶体管的发射极,电阻大的一次,红表笔接的就是 b_1 极。

4）单结晶体管自激振荡电路

利用单结晶体管的负阻特性与 RC 电路的充放电特性可组成自激振荡电路,产生频率可变的脉冲,如图 1-29 所示。

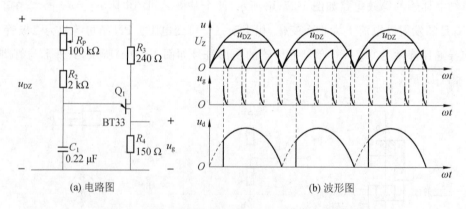

(a) 电路图　　　　　　　　　　(b) 波形图

图 1-29　单结晶体管自激振荡电路的电路图和波形图

在该触发电路中,经 $D_1 \sim D_4$ 整流后的直流电源,一路经 R_3、R_4 加在单结晶体管两个基极 b_1、b_2 之间,另一路通过 R_P 对电容 C_1 充电,达到单结晶体管的饱和导通值后再通过单结晶体管放电,随着不断充放电,在电容上形成锯齿波振荡电压,在 R_4 上得到一系列前沿很陡的触发尖脉冲 u_g,这些尖脉冲可以用来触发晶闸管。

具体过程如下：设电容器初始没有电压，电路接通以后，单结晶体管是截止的，电源经电阻 R_P、R_2 对电容 C_1 进行充电，电容电压从零起按指数充电规律上升，当电容两端电压达到单结晶体管的饱和导通电压值时，单结晶体管导通，电容开始放电，由于放电回路的电阻 R_4 很小，因此放电很快，放电电流在电阻 R_4 上产生了尖脉冲。随着电容放电，电容电压降低，当电容电压降到一定值以下，单结晶体管截止，接着电源又重新对电容进行充电……如此周而复始，在电容 C_1 两端会产生周期性的锯齿波，在电阻 R_4 两端将产生周期性的尖脉冲波 u_g，如图 1-28(b)所示，其振荡频率为

$$f = \frac{1}{T} = \frac{1}{R_P C \ln(\frac{1}{1-\eta})} \tag{1.29}$$

式中：$\eta = 0.3 \sim 0.9$ 是单结晶体管的分压比，即调节 R_P，可调节振荡频率。

5）单结晶体管同步电路

触发信号和电源电压在频率和相位上相同叫同步。单结晶体管同步电路由变压器、桥式整流电路 $D_1 \sim D_4$、电阻 R_1 及稳压管组成。同步电压经整流桥后再经过稳压管稳压削波形成一梯形波电压，该电压零点与晶闸管阳极电压过零点一致，因此是同步信号。

触发脉冲直接从 R_4 取出，这种方法简单、经济，但触发电路与主电路有直接的电联系，不安全。一般需要采用脉冲变压器输出。

6）单结晶体管触发电路的移相

当 R_P 增大时，单结晶体管达到导通电压的时间延迟，第一个尖脉冲出现的时刻推迟，即控制角 α 增大，从而实现了移相。

实训 1.2 单结晶体管触发电路的构建与调试

（一）实训目的

（1）熟悉单结晶体管触发电路的工作原理及各元件的作用。

（2）掌握单结晶体管触发电路的调试步骤和方法。

（二）实训内容

（1）单结晶体管触发电路的调试。

（2）单结晶体管触发电路输出波形的观察。

（三）实训设备及仪器

（1）电力电子及电气传动平台控制屏。

（2）MCLMK-01 单结晶体管触发模块。

（3）双踪示波器。

1.2 单结晶体管触发电路的调试

（四）实训方法

（1）如图 1-30 所示连接线路。调试单结晶体管触发电路及观察各点波形。

（2）把主控屏上 DL-CX-004 模块上 60 V、0 V 同步电压接到单节晶体管触发电路的

60 V、0 V 两个输入端。

（3）用示波器观察触发电路单相桥式整流输出（R_1 前端）、梯形电压（R_1 后端）、电容充放电电压（C_2 上端 5 号观察点）及单结晶体管输出电压（VD_7 负端 6 号观察点）等波形。

（4）采用双踪示波器同时去观测（R_1 前端）与（VD_7 负端）对地（VD_7 正端）的波形，调节移相可调电位器 R_P，观察输出脉冲能否在 30°～ 150°范围内移相。

（五）作业及思考

（1）画出触发电路在 $\alpha = 90°$时的各点波形。

（2）为何要观察触发电路第一个输出脉冲的位置？

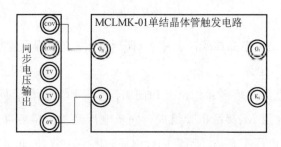

图 1-30　单结晶体管触发电路接线图

实训 1.3　单相半波可控整流电路的构建与调试

（一）实训目的

（1）熟悉单结晶体管触发电路的工作原理及各元件的作用。

（2）掌握单结晶体管触发电路的调试步骤和方法。

（3）对单相半波可控整流电路在电阻负载下的工作情况做分析。

1.3　单相半波
可控整流电路
的构建与调试

（二）实训内容

（1）单结晶体管触发电路的调试。

（2）单结晶体管触发电路输出波形的观察。

（3）单相半波整流电路带电阻负载下的观察。

（三）实训设备及仪器

（1）电力电子及电气传动平台控制屏。

（2）MCLMK-01 单结晶体管触发电路模块。

（3）MCLMK-09 工业晶闸管模块。

（4）MCLMK-12 灯泡负载。

（5）DLDZ-09 电阻模块。

（6）双踪示波器。

（四）注意事项

为保护整流元件不受损坏，需注意以下几点。

（1）在主电路接通前，调试触发电路，使其正常工作。

（2）在控制电压 $U_g=0$ 时，接通主电路电源，然后逐渐加大 U_g，使整流电路投入工作。

（3）正确选择负载电阻（450 Ω）或电感（100 mH），须注意防止过流。在不能确定的情况下，尽可能选择较大的电阻或电感，然后根据电流值来调整（可在负载中串接直流电流表，观察电表读数，最好不要超过 0.8 A）。

（五）实训步骤

（1）按照单结晶体管触发电路实训调试一遍触发电路是否正常工作。

（2）将触发脉冲接到晶闸管 T_1 的 G_1、2（K）端，主电源按照图 1-31 所示接线图接线，接线时断开主电源。线接好以后，检查无误，先将电位器逆时针旋转到底，闭合主电源，旋转电位器观察灯泡的变化。

（3）实训完毕关断主控屏上总电源开关，断开漏电保护断路器 QF。

（六）思考题

单节晶体管触发电路是怎样实现脉冲移相的？半波可控整流后的输出电压能否达到输入电压的一半，为什么？

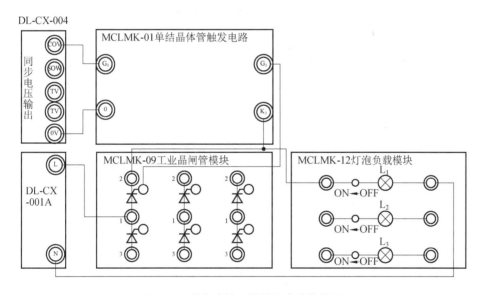

图 1-31　单相半波可控整流电路接线图

任务3　单相桥式可控整流电路的构建与调试

单相桥式整流电路输出的直流电压、电流脉冲程度比单相半波整流电路输出的直流电压、电流小，且可以改善变压器存在直流磁化的现象。单相桥式整流电路分为单相桥式全控整流电路和单相桥式半控整流电路。

1.6 单相桥式全控整流电路

1. 电阻性负载

单相桥式整流电路带电阻性负载的电路及工作波形如图 1-32 所示。

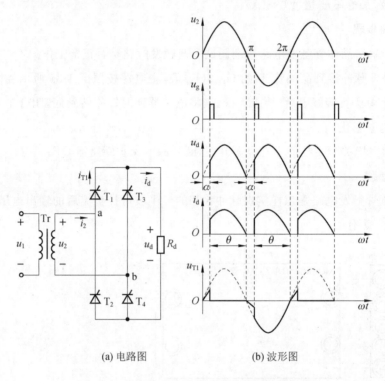

(a) 电路图　　　　　　　(b) 波形图

图 1-32　单相桥式全控整流电路带电阻性负载

晶闸管 T_1 和 T_2 为一组桥臂,而 T_3 和 T_4 组成另一组桥臂。在交流电源的正半周区间,即 a 端为正,b 端为负,T_1 和 T_4 会承受正向阳极电压,在相当于控制角 α 的时刻给 T_1 和 T_4 同时加脉冲,则 T_1 和 T_4 会导通。此时,电流 i_d 从电源 a 端经 T_1、负载 R_d 及 T_4 回电源 b 端,负载上得到电压 u_d 为电源电压 u_2(忽略了 T_1 和 T_4 的导通电压降),方向为上正下负。T_2 和 T_3 则因为 T_1 和 T_4 的导通而承受反向的电源电压 u_2 不会导通。因为是电阻性负载,所以电流 i_d 也跟随电压的变化而变化。当电源电压 u_2 过零时,电流 i_d 也降低为零,即两只晶闸管的阳极电流降低为零,故 T_1 和 T_4 会因电流小于维持电流而关断。而在交流电源负半周区间,即 a 端为负,b 端为正,晶闸管 T_2 和 T_3 会承受正向阳极电压,在相当于控制角 α 的时刻给 T_2 和 T_3 同时加脉冲,则 T_2 和 V_3 被触发导通。电流 i_d 从电源 b 端经 T_2、负载 R_d 及 T_3 回电源 a 端,负载上得到电压 u_d 仍为电源电压 u_2,方向也还为上正下负,与正半周一致。此时,T_1 和 T_4 则因为 T_2 和 T_3 的导通而承受反向的电源电压 u_2 而处于截止状态。直到电源电压负半周结束,电源电压 u_2 过零时,电流 i_d 也过零,使得 T_2 和 T_3 关断。下一周期重复上述过程。

从图 1-32 中可看出,负载上的直流电压输出波形比单相半波时多了一倍,晶闸管的控

制角可从 $0 \sim \pi$,导通角 $\theta = \pi - \alpha$。晶闸管承受的最大反向电压为 $\sqrt{2}U_2$,而其承受的最大正向电压为 $\frac{\sqrt{2}}{2}U_2$。

单相全控桥式整流电路带电阻性负载电路参数的计算如下。

输出电压平均值:

$$U_{\mathrm{d}} = \frac{1}{\pi} \int_{\alpha}^{\pi} \sqrt{2}U_2 \sin \omega t \, \mathrm{d}(\omega t) = 0.9U_2 \frac{1 + \cos \alpha}{2} \tag{1.30}$$

负载电流平均值:

$$I_{\mathrm{d}} = \frac{U_{\mathrm{d}}}{R_{\mathrm{d}}} = 0.9 \frac{U_{\mathrm{d}}}{R_{\mathrm{d}}} \frac{1 + \cos \alpha}{2} \tag{1.31}$$

输出电压的有效值:

$$U = \sqrt{\frac{1}{\pi} \int_{\alpha}^{\pi} (\sqrt{2}U_2 \sin \omega t)^2 \, \mathrm{d}(\omega t)} = U_2 \sqrt{\frac{1}{2\pi} \sin 2\alpha + \frac{\pi - \alpha}{\pi}} \tag{1.32}$$

负载电流有效值:

$$I = \frac{U_2}{R_{\mathrm{d}}} \sqrt{\frac{1}{2\pi} \sin 2\alpha + \frac{\pi - \alpha}{\pi}} \tag{1.33}$$

流过每只晶闸管的电流的平均值:

$$I_{\mathrm{dT}} = \frac{1}{2} I_{\mathrm{d}} = 0.45 \frac{U_2}{R_{\mathrm{d}}} \frac{1 + \cos \alpha}{2} \tag{1.34}$$

流过每只晶闸管的电流的有效值:

$$I_{\mathrm{T}} = \sqrt{\frac{1}{2\pi} \int_{\alpha}^{\pi} \left(\frac{\sqrt{2}U_2}{R_{\mathrm{d}}} \sin \omega t\right)^2 \mathrm{d}(\omega t)} = \frac{U_2}{R_{\mathrm{d}}} \sqrt{\frac{1}{4\pi} \sin 2\alpha + \frac{\pi - \alpha}{2\pi}} = \frac{1}{\sqrt{2}} I \tag{1.35}$$

晶闸管可能承受的最大电压:

$$U_{\mathrm{TM}} = \sqrt{2}U_2 \tag{1.36}$$

通过上述数量关系的分析,电阻负载时,对单相全控桥式整流电路与半波整流电路可做如下比较。

① α 的移相范围相等,均为 $0 \sim \pi$。

② 输出电压平均值 U_{d} 是半波整流电路的 2 倍。

③ 在相同的负载功率下,流过晶闸管的平均电流比半波整流电路减小一半。

④ 功率因数比半波整流电路提高了 $\sqrt{2}$ 倍。

2. 电感性负载

图 1-33 为单相桥式全控整流电路带电感性负载的电路。假设电路电感很大,输出电流连续,电路处于稳态。

在电源 u_2 正半周时,在相当于 α 角的时刻给 T_1 和 T_4 同时加触发脉冲,则 T_1 和 T_4 会导

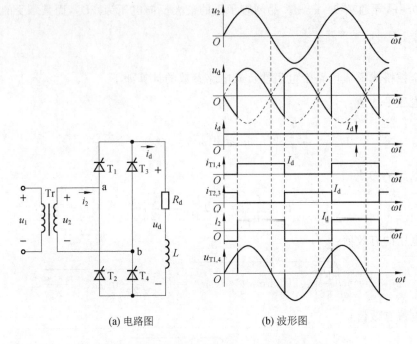

(a) 电路图　　　　　(b) 波形图

图 1-33　单相桥式全控整流电路带电感性负载

通,输出电压为 $u_d = u_2$。至电源电压过零变负时,由于电感产生的自感电动势会使 T_1 和 T_4 继续导通,而输出电压仍为 $u_d = u_2$,所以出现了负电压的输出。此时,T_2 和 T_3 虽然已承受正向电压,但还没有触发脉冲,所以不会导通。直到在负半周相当于 α 角的时刻,给 T_2 和 T_3 同时加触发脉冲,则因 T_2 的阳极电压比 T_1 高,T_3 的阴极电位比 T_4 的低,故 T_2 和 T_3 被触发导通,分别替换了 T_1 和 T_4,而 T_1 和 T_4 将由于 T_2 和 T_3 的导通承受反压而关断,负载电流也改为经过 T_2 和 T_3 了。

由图 1-33(b)所示的输出负载电压 u_d、负载电流 i_d 的波形可看出,与电阻性负载相比,u_d 的波形出现了负半周部分,i_d 的波形则是连续的近似的一条直线,这是由于电感中的电流不能突变,电感起到了平波的作用,电感越大则电流越平稳。

两组管子轮流导通,每只晶闸管的导通时间较电阻性负载时延长了,导通角 $\theta = \pi$,与 α 无关。

在电流连续的情况下,单相全控桥式整流电路带电感性负载电路参数的计算如下。

输出电压平均值:

$$U_d = \frac{1}{\pi} \int_\alpha^{\pi+\alpha} \sqrt{2} U_2 \sin\omega t \, \mathrm{d}(\omega t) = \frac{2\sqrt{2}}{\pi} U_2 \cos\alpha = 0.9 U_2 \cos\alpha \quad (0° \leqslant \alpha \leqslant 90°) \quad (1.37)$$

在 $\alpha = 0°$ 时,输出电压 U_d 最大,$U_{d0} = 0.9 U_2$;到 $\alpha = 90°$ 时,输出电压 U_d 最小,等于零。因此 α 的移相范围是 $0° \sim 90°$。

输出电压的有效值:

$$U = \sqrt{\frac{1}{\pi} \int_\alpha^{\pi+\alpha} (\sqrt{2} U_2 \sin\omega t)^2 \, \mathrm{d}(\omega t)} = U_2 \quad (1.38)$$

负载电流平均值：

$$I_{d} = \frac{U_{d}}{R_{d}} = 0.9\frac{U_{2}}{R_{d}}\cos\alpha \tag{1.39}$$

在一个周期内每组晶闸管各导通180°，两组轮流导通，变压器次级中的电流是正负对称的方波，负载电流的平均值I_d和有效值I相等，其波形系数为1。

流过一只晶闸管的电流的平均值和有效值：

$$I_{dT} = \frac{1}{2}I_{d} \tag{1.40}$$

$$I_{T} = \frac{1}{\sqrt{2}}I_{d} \tag{1.41}$$

晶闸管可能承受的最大电压：

$$U_{TM} = \sqrt{2}U_{2} \tag{1.42}$$

从图1-33(b)中晶闸管两端电压波形可看出，晶闸管承受的最大正反向电压均为$\sqrt{2}U_2$。

单相全控桥式整流电路具有输出电流脉动小、功率因数高等特点。变压器次级中电流为两个等大反向的半波，没有直流磁化问题，变压器的利用率高。

在大电感负载情况下，α接近$\pi/2$时，输出电压的平均值接近零，负载上的电压太小。且理想的大电感负载是不存在的，故实际电流波形不可能是一条直线，而且在$\pi/2 \leqslant \alpha \leqslant \pi$时，电流就出现断续。电感量越小，电流开始断续的$\alpha$值就越小。

3. 反电动势负载

单相桥式全控整流电路接反电动势——电阻负载时的电路及波形如图1-34所示。

反电动势负载是指本身含有直流电动势E，且其方向对晶闸管而言是反向电压的负载，如被充电的蓄电池、电容器、正在运行的直流电动机的电枢（电枢旋转时产生感应电动势E）等。

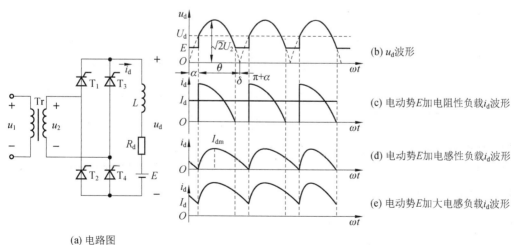

(a) 电路图

图1-34 单相桥式全控整流电路接反电动势——电阻负载时的电路及波形

1) 反电动势加电阻负载

当负载为反电动势加电阻时,整流电流波形出现断流。在 $|u_2| > E$ 时,晶闸管才承受正电压,有导通的可能。导通之后,$u_d = u_2$。

$$i_d = \frac{u_d - E}{R} \tag{1.43}$$

直至 $|u_2| = E$,i_d 降至零时晶闸管关断。与电阻负载时相比,导通角 $\theta = \pi - \delta - \alpha$,晶闸管提前了电角度 δ 停止导电,δ 称为停止导电角。

$$\delta = \arcsin\frac{E}{\sqrt{2}U_2} \tag{1.44}$$

在 α 角相同时,整流输出电压比电阻负载时大。

当 $\alpha < \delta$ 时,当触发脉冲到来时,晶闸管承受负电压,不可能导通。为了使晶闸管可靠导通,要求 $\alpha \geq \delta$,同时触发脉冲要有足够的宽度,保证当 $\omega t = \delta$ 时刻晶闸管开始承受正电压时,触发脉冲仍然存在。

反电动势加电阻负载时的参数计算如下。

负载整流电压平均值:

$$U_d = E + \frac{1}{\pi}\int_\alpha^{\pi-\delta}(\sqrt{2}U_2\sin\omega t - E)\,\mathrm{d}(\omega t)$$

$$= \frac{1}{\pi}\left[2\sqrt{2}U_2(\cos\delta + \cos\alpha)\right] + \frac{\delta + \alpha}{\pi}E \tag{1.45}$$

负载整流电流平均值:

$$I_d = \frac{1}{\pi}\int_\alpha^{\pi-\delta}i_d\,\mathrm{d}(\omega t) = \frac{1}{\pi}\int_\alpha^{\pi-\delta}\frac{\sqrt{2}U_2\sin\omega t - E}{R_d}$$

$$= \frac{1}{\pi R_d}\left[\sqrt{2}U_2(\cos\delta + \cos\alpha) - \theta E\right] \tag{1.46}$$

2) 反电动势加电感负载

对于直流电动机和蓄电池等反电动势负载,由于反电动势的作用,使整流电路中晶闸管导通的时间缩短,相应的负载电流出现断续,脉动程度高,由于负载电阻很小,所以输出电流有效值很大,一方面会使直流电机换向时产生火花,另一方面要求交流电源的容量大,直接导致功率因数下降。为解决这一问题,往往在反电动势负载侧串接一平波电抗器,利用电感平稳电流的作用来减少负载电流的脉动并延长晶闸管的导通时间。只要电感足够大,电流就会连续,如图 1-34(d) 所示。由于电流连续,反电动势加电感负载时直流输出电压和电流波形与电感性负载时一样,u_d 的计算公式也一样。

为保证电流连续,所需的电感量 L 可由下式求出:

$$L = \frac{\sqrt{2}U_2}{\pi\omega I_{dmin}} = 2.87 \times 10^{-3}\frac{U_2}{I_{dmin}} \tag{1.47}$$

1.7　单相桥式半控整流电路

在单相桥式全控整流电路中,由于每次都要同时触发两只晶闸管,因此线路较为复杂。为了简化电路,实际上可以采用一只晶闸管来控制导电回路,然后用一只整流二极管来代替另一只晶闸管。把图 1-32 中的 T_2 和 T_4 换成二极管 D_1 和 D_2,就形成了单相桥式半控整流电路,如图 1-35 所示。

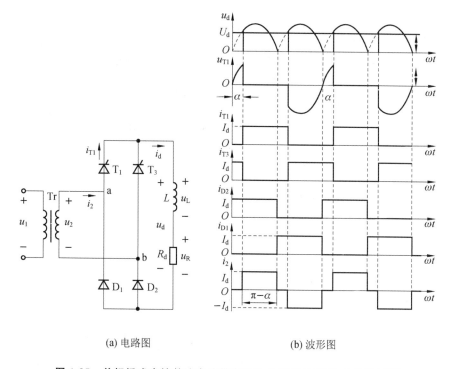

(a) 电路图　　　　　　　　(b) 波形图

图 1-35　单相桥式半控整流电路带电感性负载时的电压、电流波形图

T_1 和 T_3 为共阴极接法,D_1 和 D_2 为共阳极接法,对于 D_1、D_2,阴极电位低的导通;当施加触发脉冲时,对于 T_1 和 T_3,阳极电位高的导通。因此在电阻性负载时与全控桥的工作情况完全相同,各参数的计算也相同,区别仅在于二极管不需要触发就可导通,α 的移相范围为 $0\sim180°$。

在大电感负载时,由于电路仅仅是将 T_2 和 T_4 换成了 D_1 和 D_2,正常工作时,输出电压的波形完全相同,因此平均值也相同。而负载电流 i_d 由于大电感的存在连续且恒定,在同一桥臂下形成自然续流回路,和带续流二极管的全控桥电感性负载相同。流过晶闸管和二极管的电流都是宽度为 $180°$ 的方波且与 α 无关,交流侧电流为正负对称的交变方波,如图 1-35(b)所示。

值得注意的是,若突然关断触发电路或将触发角 α 增大到 $180°$ 时,电路会发生失控现象,即出现正在导通的晶闸管一直导通而两只二极管轮流导通的情况,u_d 仍有输出,但波形是单相半波不可控整流波形,此时触发信号对输出电压失去了控制作用。失控在使用中是不允许的,为了消除失控,带电感性负载的半控桥式整流电路仍需在负载两端并接续流二极管 D,通过二极管的作用,使一直导通的晶闸管关断,消除失控现象。如图 1-36 所示。

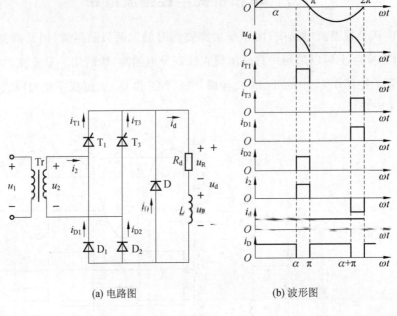

(a) 电路图　　　　　　　　　　(b) 波形图

图 1-36　单相桥式半控整流电路带电感性负载、接续流二极管时的电压、电流波形图

加续流二极管后的计算与全控型电路相同，即

输出电压平均值：

$$U_d = \frac{1}{\pi} \int_\alpha^\pi \sqrt{2} U_2 \sin\omega t\, \mathrm{d}(\omega t) = \frac{\sqrt{2}}{\pi} U_2 (1 + \cos\alpha) = 0.9 U_2 \frac{1 + \cos\alpha}{2} \tag{1.48}$$

输出电压有效值：

$$U = \sqrt{\frac{1}{\pi} \int_\alpha^\pi (\sqrt{2} U_2 \sin\omega t)^2 \,\mathrm{d}(\omega t)} = U_2 \sqrt{\frac{\sin 2\alpha}{2\pi} + \frac{\pi - \alpha}{\pi}} \tag{1.49}$$

在控制角为 α 时，每只晶闸管一周期内的导通角为 $\theta_T = \pi - \alpha$，续流二极管的导通角为 $\theta_D = 2\alpha$。

流过晶闸管的电流平均值和有效值分别为：

$$I_{dT} = \frac{\theta_T}{2\pi} I_d = \frac{\pi - \alpha}{2\pi} I_d \tag{1.50}$$

$$I_T = \sqrt{\frac{\theta_T}{2\pi}} I_d = \sqrt{\frac{\pi - \alpha}{2\pi}} I_d \tag{1.51}$$

流过续流二极管的平均电流和有效电流分别为：

$$I_{dD} = \frac{\theta_D}{2\pi} I_d = \frac{\alpha}{\pi} I_d \tag{1.52}$$

$$I_D = \sqrt{\frac{\theta_D}{2\pi}} I_d = \sqrt{\frac{\alpha}{\pi}} I_d \tag{1.53}$$

晶闸管可能承受的最大电压为：

$$U_{TM} = \sqrt{2} U_2 \tag{1.54}$$

1.8 锯齿波触发电路

桥式整流电路的触发电路有很多种,大多情况选用锯齿波同步触发电路和集成触发器。

锯齿波同步触发电路(见图1-37)由同步环节、锯齿波的形成和脉冲移相、脉冲的形成与放大等组成,可触发200 A的晶闸管。由于同步电压采用锯齿波,不直接受电网波动与波形畸变的影响,移相范围宽,在大中容量中得到广泛应用。

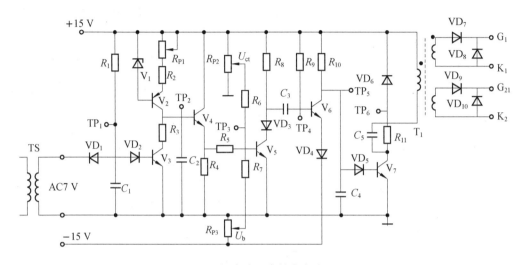

图 1-37 锯齿波同步触发电路原理图

1. 锯齿波形成、同步移相环节

如图1-38所示,由 V_3、VD_1、VD_2、C_1 等元件组成同步检测环节,其作用是利用同步电压AC7 V来控制锯齿波产生的时刻及锯齿波的宽度。

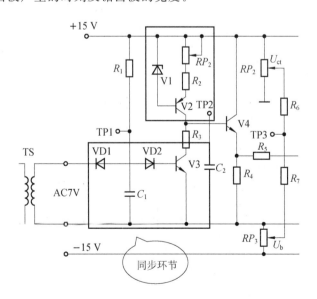

图 1-38 锯齿波形成和同步移相控制环节

由 V_1、V_2 等元件组成的恒流源电路,当 V_3 截止时,恒流源对 C_2 充电形成锯齿波;当 V_3 导通时,电容 C_2 通过 R_4、V_3 放电。调节电位器 R_{P1} 可以调节恒流源的电流大小,从而改变锯齿波的斜率。

锯齿波是由开关管 V_3 来控制的。V_3 开关的频率就是锯齿波的频率,由同步变压器所接的交流电压决定。V_3 由导通变截止期间产生锯齿波,锯齿波起点基本就是同步电压由正变负的过零点。V_3 截止状态持续的时间就是锯齿波的宽度(取决于充电时间常数 R_1C_1)。

二次电压波形在负半周的下降段,VD_1 导通,C_1 被迅速充电,因为 TP_1 接零电位,所以 V_3 基极反向偏置,V_3 截止,如图 1-39 所示。

在负半周的上升段,+15 V 通过 R_1 给电容 C_1 反向充电(放电),VD_1 截止,当 TP_1 点电位达到 1.4 V 时,V_3 导通,TP_1 点电位钳位在 1.4 V 直至下一个负半周。V_3 截止时间越长,锯齿波越宽。该截止时间由充电时间常数 R_1C_1 决定。

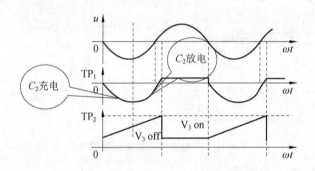

图 1-39　锯齿波的形成

2. 移相控制环节

控制电压 U_{ct}、偏移电压 U_b 和锯齿波电压在 V_5 基极综合叠加,从而构成移相控制环节,R_{P2}、R_{P3} 分别调节控制电压 U_{ct} 和偏移电压 U_b 的大小,如图 1-40 所示。

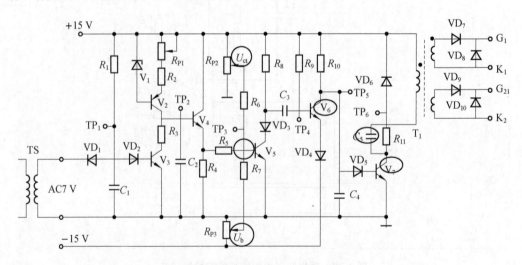

图 1-40　移相控制和脉冲形成放大环节

3.脉冲形成放大环节

V_6、V_7构成脉冲形成放大环节,C_5为强触发电容改善脉冲的前沿,由脉冲变压器输出触发脉冲。图 1-41 反映了触发脉冲的形成过程。

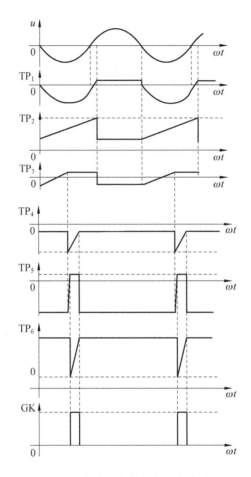

图 1-41 锯齿波同步触发电路各点波形图

实训 1.4 锯齿波触发电路的构建与调试

(一)实训目的

(1)熟悉锯齿波触发电路的工作原理及各元件的作用。

(2)掌握锯齿波触发电路的调试步骤和方法。

(二)实训内容

(1)锯齿波触发电路的调试。

(2)锯齿波触发电路输出波形的观察。

(三)实训设备及仪器

(1)电力电子及电气传动平台控制屏。

(2)MCLMK-03 锯齿波触发模块。

1.4 锯齿波触发电路的调试

（3）双踪示波器。

（四）实训步骤

（1）如图 1-42 所示，把主控屏上 7 V、7 V、0 V 同步电压接到锯齿波触发电路的 1、3、2 输入端，主控屏上 DL-CX-004 的 ±15 V、GND 直流电源接到 MCLMK-03 锯齿波触发电路模块。DL-CX-004 模块上 U_g 端接到 MCLMK-03 模块上的 U_g 端。移相调压时主要调 DL-CX-004 的 R_{P1} 旋钮（实质是调节 0～15 V 变化的直流电源）。调节 R_{P1} 旋钮时将开关打到正给定、正负（±）给定，只调节 R_{P1} 即可。

（2）锯齿波触发模块双脉冲初相位对齐调节方法。

① 粗调：两路示波器探头分别接 1R_6 下端和 2R_6 上端，可以观测到两路锯齿波，同时调 R_{P1}、R_{P3} 到锯齿波刚刚失真的时刻停止。

② 微调：在整流电路中用示波器观察负载两侧波形，如果波形头不齐，再调 R_{P1}、R_{P3} 使波形对齐。然后先将 DL-CX-004 中 R_{P1} 调到最左边（相当于外控调至 180°，输出最小），再调 R_{P2} 到最大角（相当于内控调至 180°，波形为零）。具体电路移相调压过程不再调节这三个旋钮，只调 DL-CX-004 的 R_{P1}。

（3）调节锯齿波触发电路上的电位器 R_{P1} 和 R_{P3} 以调节锯齿波的斜率（可分别观察 1R_6 下端和 2R_6 的上引脚）（此处波形为锯齿波），触发脉冲可通过观察 1R_{11}、1R_{10}（此处波形分别为向上尖脉冲和向下尖脉冲）和 2R_{11}、2R_{10}（此处波形分别为向上尖脉冲和向下尖脉冲）的下引脚。旋转电位器 R_{P2} 调节锯齿波的移相，用示波器观察输出脉冲触发角。将模块上的"K_1 输出端"和"GND 电源端"短接作为地（K 端可用 MCLMK-ZJB 转接下），用示波器探头分别接到"1 输入端"和"G_1 输出端"，确定脉冲的初始相位。当 $U_g = 0$ 时，调 R_{P2} 要求 α 接近于 180°。

（4）调节脉冲移相范围。

调节 DL-CX-004 低压单元的给定电位器 R_{P1}，增加 U_g，观察脉冲的移动情况，要求 $U_g = 0$ 时，$\alpha = 180°$，U_g 最大时，$\alpha = 30°$，以满足移相范围 $\alpha = 30°～180°$ 的要求。

（5）调节 U_g，使 $\alpha = 60°$，观察并记录输出脉冲电压 U_{G1K1}、U_{G2K2} 的波形。

（6）说明。

① 锯齿波模块输出端 1、2 同相，3、4 同相；1、3 相位互差 180°。

② 7 V 同步电压的 0 V 与 MCLMK-03 模块 ±15 V 的 0 V 内部是相通的，而与输出端 $K_1 G_1$ 之间有隔离变压器。因此，旋转电位器 R_{P2} 调节锯齿波移相用前端看时，可将夹子夹 0 V，探头分别接触"1"端子与 1R_{11} 下端，或"3"端子与 2R_{11} 下端。

（五）实训作业

（1）整理，描绘实训中记录的各点波形，并标出幅值与宽度。

（2）总结锯齿波同步触发电路移相范围的调试方法，移相范围的大小与哪些参数有关？

（3）如果要求 $U_g = 0$ 时，$\alpha = 90°$，应如何调整？

（4）讨论分析其他实训现象。

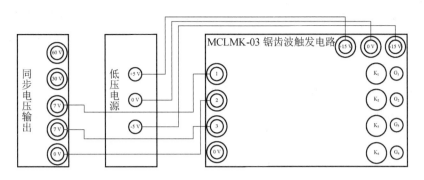

图 1-42　锯齿波触发电路接线图

实训 1.5　单相桥式全控整流电路的构建与调试

(一)实训目的

(1) 了解单相桥式全控整流电路的工作原理。

(2) 研究单相桥式全控整流电路在电阻负载时的工作情况。

(3) 熟悉锯齿波触发电路的工作原理。

(二)实训内容

(1) 锯齿波触发电路的调试。

(2) 锯齿波触发电路输出波形的观察。

(3) 单相桥式全控整流电路接灯泡负载下灯泡明暗的观察。

(三)实训设备及仪器

(1) 电力电子及电气传动平台控制屏。

(2) MCLMK-03 锯齿波触发电路模块。

(3) MCLMK-09 工业晶闸管整流模块。

(4) MCLMK-12 灯泡负载模块。

(5) 双踪示波器。

1.5　单相桥式
可控整流电路
的构建与调试

(四)实训注意事项

(1) 本实训中触发可控硅的脉冲来自触发电路(锯齿波触发电路)模块。

(2) 电阻 R_d 的调节需注意。若电阻过小,会出现电流过大造成过流保护动作(熔断丝烧断,或仪表告警)。

(3) 示波器的两根地线由于同外壳相连,必须注意需接等电位,否则易造成短路事故。

(五)实训步骤

(1) 如图 1-43 所示,把主控屏上 7 V、7 V、0 V 同步电压接到锯齿波触发电路的 1、3、2 输入端,主控屏上的 ±15 V 直流电源接到 MCLMK-03 锯齿波触发电路模块。把 DL-CX-004 模块上 U_g 端接到 MCLMK-03 模块上的 U_g 端。按照锯齿波触发电路实训调试一遍触发电路是否正常工作。

（2）合上漏电保护断路器 QF，同时调节锯齿波触发电路上的电位器 R_{P1} 和 R_{P3} 以调节锯齿波的斜率，使两路触发脉冲相差 180°，旋转电位器 R_{P2} 调节锯齿波的移相，要求 $U_g=0$ 时，$\alpha=180°$。调节 DL-CX-004 低电压单元的给定电位器 R_{P1}，增加给定电压 U_g，观察脉冲的移动情况，要求 $U_g=0$ 时，$\alpha=180°$，以满足移相范围 $\alpha=30°\sim180°$ 的要求。

（3）将触发脉冲 G_1K_1、G_2K_2、G_3K_3、G_4K_4 接到晶闸管整流模块的 T_1、T_6、T_3、T_4 的门极（G）和阴极（K），主电路按照实训接线图 1-43 所示接线，闭合交流电源开关，用示波器观察负载上的电压波形。实训完毕关断主控屏上总电源开关，断开漏电保护器 QF。

（4）实训说明。

① 电路连接时可在负载回路中串联一个量程 2 A 的直流电流表，同时并联一个量程 500 V 的直流电压表，在调节 DL-CX-004 中 R_{P1} 旋钮的过程中观察表读数的变化。

② 负载可为单个灯泡，在调节 DL-CX-004 中 R_{P1} 旋钮的过程中观察灯亮度的变化，也可为 450 Ω 电阻或加 700 mH 阻感，带续流二极管，通过示波器观察整流电压波形的不同。

（六）思考题

能否用双踪示波器同时观察触发电路与整流电路的波形？

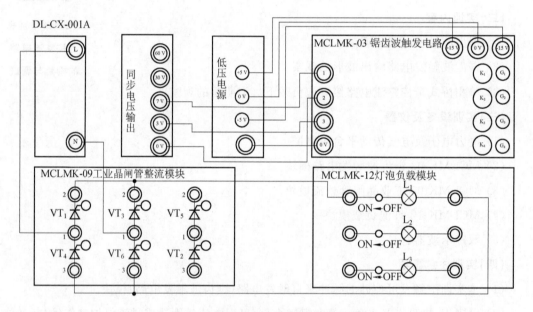

图 1-43　单相桥式全控整流电路接线图

1.9　触发电路与主电路的同步

在制作或修理调整晶闸管装置时，常会碰到一种故障现象：在单独检查晶闸管主电路时，接线正确，元件完好；单独检查触发电路时，各点电压波形、输出脉冲正常，调节控制电压时，脉冲移相符合要求。但是当主电路与触发电路连接后，工作不正常，直流输出电压波形不规则、不稳定，移相调节不能工作。这种故障是由于送到主电路各晶闸管的触发脉冲与其阳极电压之间相位没有正确对应，造成晶闸管工作时控制角不一致，甚至使有的晶闸管触发

脉冲在阳极电压负值时出现,当然不能导通。怎样才能消除这种故障使装置正常工作呢?这就是本节要讨论的触发电路与主电路之间的同步(定相)问题。

1. 同步的定义

由前面的分析可知,触发脉冲必须在管子阳极电压为正时的某一区间内出现,晶闸管才能被触发导通,而在锯齿波移相触发电路中,送出脉冲的时刻是由接到触发电路不同相位的同步电压 u_s 来定位,由控制与偏移电压大小来决定移相。因此必须根据被触发晶闸管的阳极电压相位,正确供给触发电路特定相位的同步电压,才能使触发电路分别在各晶闸管需要触发脉冲的时刻输出脉冲。这种正确选择同步信号电压相位以及得到不同相位同步信号电压的方法,称为晶闸管装置的同步或定相。

2. 实现同步的方法

如图 1-44 所示,可控整流装置由主电路和触发电路两部分构成。整流装置的输入端一般接在交流电网上。为了适应负载对电源电压大小的要求,或者提高可控整流装置的功率因数,一般在主电路输入端接整流变压器,把一次侧电压 u_1 变成二次侧电压 u_2。由晶闸管等组成的可控整流主电路,其输出端可以是电阻性负载(如白炽灯、电炉、电焊机等)、大电感性负载(如直流电动机的励磁绕组、滑差电动机的电枢线圈等)以及反电势负载(如直流电动机的电枢反电动势负载、充电状态下的蓄电池等)。以上负载往往要求整流能输出在一定范围内变化的直流电压。为此,只要改变触发电路所提供的触发脉冲送出的时刻(即控制角),就能改变晶闸管在交流电压 u_2 一周期内导通时间,这样负载上直流电压的平均值就可以得到控制。为了使触发电路能和主电路电压同步,在触发电路输入端接同步变压器。

前面介绍的锯齿波触发电路中同步环节由同步变压器 TS 和 V_3 管等元件组成。同步变压器 TS 和主电路整流变压器接在同一电源上,用 TS 次级电压来控制 V_3 的导通和截止,从而保证了触发电路发出的脉冲与主电路电源同步。

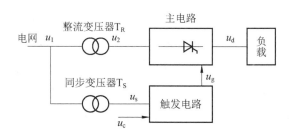

图 1-44 可控整流装置原理框图

1.10 电力电子器件的保护

与其他电气设备相比,电力电子器件过电压、过电流能力差,短时间的过电流、过电压都可能造成器件损坏,因此必须设置保护电路。

整流电路的保护主要是晶闸管的保护,包括过电压保护和过电流保护。

1.过电压保护

电力电子系统发生过电压的原因主要为外因过电压和内因过电压。外因过电压主要是指雷击和系统的操作(分合闸)等,内因过电压主要是在开关器件开关过程中产生,具体包括以下两点。

① 由于电感作用,晶闸管或全控型器件反并联的二极管在换相结束后不能立即恢复阻断,会有较大的反向电流,当恢复阻断时,反向电流急剧减小,会由电感在器件两端感应出过电压。这种过电压被称为换相过电压。

② 全控型器件关断时,正向电流迅速降低而由电感在器件两端感应出过电压。这种过电压被称为关断过电压。

图 1-45 给出了电力电子系统中常用的过电压保护方案。

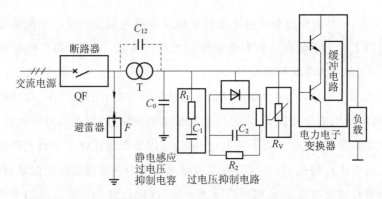

图 1-45 电力电子系统中常用的过电压保护方案

图 1-45 中,交流电源经断路器 QF 送入降压变压器 T,当雷电过压进入电网时,避雷器 F 将对地放电防止雷电进入变压器。C_0 为静电感应过电压抑制电容,当交流断路器合闸时,过压经 C_{12} 耦合到 T 的二次侧,通过 C_0 对地短路,保护了后面的电力电子开关不受操作过压的冲击。$C_1 R_1$ 是过电压抑制环节,当变压器 T 的二次侧出现过压时,过压对 C_1 充电,由于电容上的电压不能突变,所以 $C_1 R_1$ 能抑制过压。$C_2 R_2$ 也是过压抑制环节,电路中出现过压时,二极管导通对 C_2 充电,过压消失后 C_2 对 R_2 放电。二极管不导通,放电电流不会送入电网,实现了系统的过压保护。R_V 是压敏电阻,当电压正常时,R_V 呈现大电阻,相当于开路,当出现过压时,R_V 的电阻值迅速减小到零而使电源短路,此时 QF 动作,防止了过压进入电力电子装置。

缓冲电路的作用是抑制电力电子器件的内因过电压,吸收器件开关过程中产生的 du/dt、di/dt,减小器件的开关损耗。防止高电压和大电流使器件工作点超出安全工作区而损坏器件。缓冲电路可分为关断缓冲电路和开通缓冲电路。关断缓冲电路又称为 du/dt 抑制电路,用于吸收器件的关断过电压和换相过电压,抑制 du/dt,减小关断损耗。开通缓冲电路又称为 di/dt 抑制电路,用于抑制器件开通时的电流过冲和 di/dt,减小器件的开通损耗。

2.过电流保护

元件误导通或击穿、机械故障引起电机堵转时易出现过电流。图 1-46 给出了电力电子系统中常用的过电流保护方案。其中采用快速熔断器、过电流继电器是较为常见的措施。快速熔断器(快熔)是电力电子装置中最有效、应用最广的一种过电流保护措施。快熔在器件保护时,可以作为全保护和短路保护两种,在小功率装置或器件使用裕度较大的场合中常用作全保护,图 1-46 中快熔作为部分区段过电流时的保护。当发生过电流故障时,电子保护电路发出触发信号使 SCR 导通,造成电路短路迫使熔断器快速熔断而切断电源,从而保护了后面的电力电子器件。过电流继电器整定在电路过载时动作。

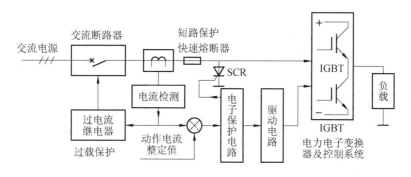

图 1-46　电力电子系统中常用的过电流保护方案

在一些重要且易发生短路的晶闸管设备,或者工作频率较高的全控型器件中,快熔很难起到保护作用,这时就需要采用电子保护电路来进行过电流保护。电子保护电路检测到过电流后直接调节驱动电路,或者关断被保护器件。

通常电力电子装置同时采用多种过电流保护措施,其中电子保护电路往往作为第一保护措施。

◀ 任务4　简易调光灯的制作与调试 ▶

请按图 1-47 所示电路制作一个简易调光灯。元器件清单见表 1-7。

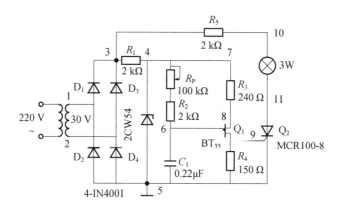

图 1-47　简易调光灯电路

表 1-7 元器件清单

名　　称	型　　号	数　量	名　　称	型　　号	数　量
变压器	IN:220 V OUT:30 V	1	单结晶体管	BT33	1
晶闸管	MCR100-8	4	二极管	IN4001	1
电阻	2 kΩ	3	电容	0.22 μF	1
	150 Ω	1	可调电阻	100 kΩ	1
	240 Ω	1	灯泡	5 W	1

1. 电路原理分析

调光灯电路包含主电路和控制电路两部分。主电路中二极管整流桥为晶闸管和负载提供电源,构成半波可控整流电路。控制电路采用单结晶体管触发电路。

2. 调光灯电路制作与调试

1) 电路装配步骤

(1) 熟悉图纸。首先要识读原理图,了解线路、工作原理、所用元器件种类、规格、数量;电路板的零件分布状况,有无桥线及桥线的位置等。做到熟悉电路和零件装配位置。

(2) 清点元器件。按元器件清单表的要求清点各类元器件配备数量,如有缺少必须补足。

(3) 检测元器件。按正确的方法检测各类元器件。如有不合格元器件,设法调换。

(4) 元器件成形与引脚处理。在装机前首先要对各元器件引脚进行成形处理,再将各元器件引脚准备焊接处刮削去污、去氧化层,然后在各引脚准备焊接处上锡。

(5) 元器件插装与固定。将经过成形、处理过的元器件按图进行插装,插装顺序按"先小后大"进行。插装时各元器件均不能插错,特别要注意有极性元器件不能插反,如变压器、二极管、单结晶体管和晶闸管等。

(6) 元器件的焊接与整理。细心处理好每一个焊点,保证焊接质量,焊好后剪掉多余的引线。

2) 电路调试步骤

按电路图完成电路的组装后,通入交流电源,调节旋钮,观察灯泡亮度是否有变化。

如果灯泡未发光或亮度无变化,可以从以下几个方面的检查来排除故障。

(1) 检查电源是否正常供电。

用万用表测量电源电压是否正常。

(2) 检查电路连接是否有误。

实际操作中大部分电路故障都是由电路连接错误造成的,电路出现故障后首先应对照电路原理图,根据信号的流程由输入到输出逐级检查,看是否有连线错误或是元器件损坏或接反的情况。

【思考题】

1.1 晶闸管的导通条件是什么？导通后流过晶闸管的电流和负载上的电压由什么决定？

1.2 晶闸管的关断条件是什么？如何实现？晶闸管处于阻断状态时其两端的电压大小由什么决定？

1.3 温度升高时，晶闸管的触发电流、正反向漏电流、维持电流以及正向转折电压和反向击穿电压如何变化？

1.4 晶闸管的非正常导通方式有哪几种？

1.5 请简述晶闸管的关断时间定义。

1.6 名词解释。

控制角（移相角）；导通角；移相；移相范围

1.7 型号为KP100-3，维持电流 $I_H = 4 \text{ mA}$ 的晶闸管，使用在图1-48所示电路中是否合理，为什么？（暂不考虑电压电流裕量）

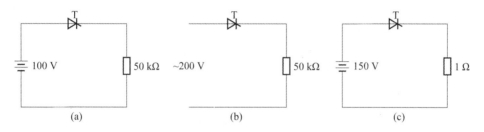

图 1-48 题 1.7 图

1.8 图1-49中实线部分表示流过晶闸管的电流波形，其最大值均为 I_m，试计算各图的电流平均值、电流有效值和波形系数。

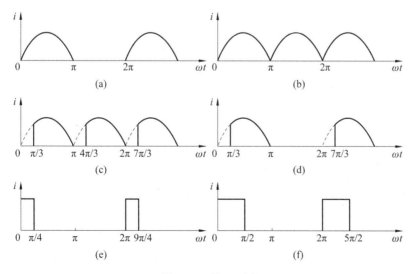

图 1-49 题 1.8 图

1.9 上题中,如不考虑安全裕量,问额定电流 100 A 的晶闸管允许流过的平均电流分别是多少?

1.10 某晶闸管型号规格为 KP200-8D,试问型号规格代表什么意义?

1.11 如图 1-50 所示,试画出负载 R_d 上的电压波形(不考虑管子的导通压降)。

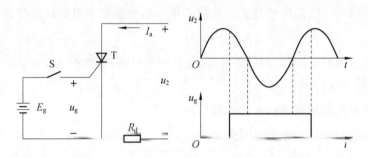

图 1-50 题 1.11 图

1.12 在图 1-51 中,若要使用单次脉冲触发晶闸管 T 导通,门极触发信号(触发电压为脉冲)的宽度最小应为多少微秒(设晶闸管的擎住电流 $I_L = 15$ mA)?

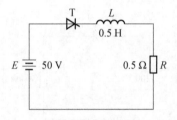

图 1-51 题 1.12 图

1.13 单相正弦交流电源,晶闸管和负载电阻串联,如图 1-52 所示,交流电源电压有效值为 220 V。

(1) 考虑安全裕量,应如何选取晶闸管的额定电压?

(2) 若当电流的波形系数为 $K_f = 2.22$ 时,通过晶闸管的有效电流为 100 A,考虑晶闸管的安全裕量,应如何选择晶闸管的额定电流?

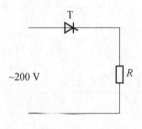

图 1-52 题 1.13 图

1.14 单相半波可控整流电路中,如果:

(1) 晶闸管门极不加触发脉冲;

(2) 晶闸管内部短路;

（3）晶闸管内部断开。

试分析上述三种情况负载两端电压 u_d 和晶闸管两端电压 u_T 的波形。

1.15　某单相全控桥式整流电路给电阻性负载和大电感负载供电，在流过负载电流平均值相同的情况下，哪一种负载的晶闸管额定电流应选择大一些？

1.16　某电阻性负载的单相半控桥式整流电路，若其中一只晶闸管的阳、阴极之间被烧断，试画出整流二极管、晶闸管两端和负载电阻两端的电压波形。

1.17　相控整流电路带电阻性负载时，负载电阻上的 U_d 与 I_d 的乘积是否等于负载有功功率，为什么？带大电感负载时，负载电阻 R_d 上的 U_d 与 I_d 的乘积是否等于负载有功功率，为什么？

1.18　某电阻性负载要求 $0\sim24$ V 直流电压，最大负载电流 $I_d=30$ A，如采用由 220 V交流直接供电和由变压器降压到 60 V 供电的单相半波相控整流电路，是否两种方案都能满足要求？试比较两种供电方案的晶闸管的导通角、额定电压、额定电流、电路的功率因数及对电源容量的要求。

1.19　某电阻性负载，$R_d=50$ Ω，要求 U_d 在 $0\sim600$ V 可调，试用单相半波和单相全控桥两种整流电路来供给，分别计算：

（1）晶闸管额定电压、电流值；

（2）连接负载的导线截面积（导线允许电流密度 $j=6$ A/mm²）；

（3）负载电阻上消耗的最大功率。

1.20　整流变压器二次侧中间抽头的双半波相控整流电路如图 1-53 所示。

（1）说明整流变压器有无直流磁化问题。

（2）分别画出电阻性负载和大电感负载在 $\alpha=60°$ 时的输出电压 U_d、电流 i_d 的波形，比较与单相全控桥式整流电路是否相同。若已知 $U_2=220$ V，分别计算其输出直流电压值 U_d。

（3）画出电阻性负载 $\alpha=60°$ 时晶闸管两端的电压 u_T 波形，说明该电路晶闸管承受的最大反向电压为多少？

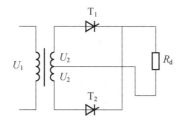

图 1-53　题 1.20 图

1.21　单结晶体管触发电路中，作为 U_{bb} 的削波稳压管 D_W 两端如并接滤波电容，电路能否正常工作？如稳压管损坏断开，电路又会出现什么情况？

1.22　缓冲电路的作用是什么？关断缓冲与开通缓冲在电路形式上有何区别，各自的功能是什么？

直流可逆拖动系统的构建与调试

有许多生产机械要求直流电动机既能正转,又能反转,而且常常还需要快速地启动和制动,这就需要电力拖动系统具有四象限运行的特性,由于这样的调速系统可以正反向转动,故称作可逆调速系统。如图 2-1 所示。

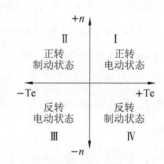

图 2-1　调速系统的四象限运行

由于改变电枢电压的极性,或者改变励磁磁通的方向,都能够改变直流电机的旋转方向。因此,直流可逆调速线路有以下两种。

1.电枢反接可逆线路

电枢反接可逆线路包括接触器开关切换的可逆线路(见图 2-2)、晶闸管开关切换的可逆线路(见图 2-3)和两组晶闸管装置反并联可逆线路(见图 2-4)。

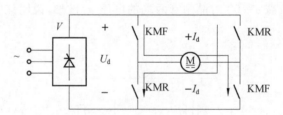

图 2-2　接触器开关切换的可逆线路

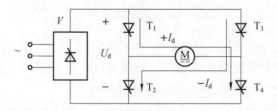

图 2-3　晶闸管开关切换的可逆线路

图 2-2 中 KMF 闭合,电动机正转;KMR 闭合,电动机反转。这种线路的优点是仅需一

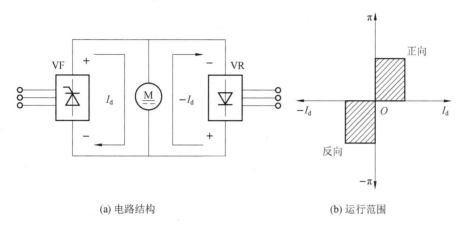

| (a) 电路结构 | (b) 运行范围 |

图 2-4　两组晶闸管装置反并联可逆线路

组晶闸管装置,简单、经济。缺点是有触点切换,开关寿命短;需自由停车后才能反向,时间长。主要用于不经常正反转的生产机械。

图 2-3 中 T_1、T_4 导通,电动机正转;T_2、T_3 导通,电动机反转。这种线路适用于中、小功率的可逆系统。

图 2-4 中两组晶闸管分别由两套触发装置控制,电动机正转时,由正组晶闸管装置 VF 供电;反转时,由反组晶闸管装置 VR 供电。因此能灵活地控制电动机的启、制动和升、降速。但是,不允许让两组晶闸管同时处于整流状态,否则将造成电源短路,因此对控制电路提出了严格的要求。这种线路适用于各种可逆系统。

2.励磁反接可逆线路

改变励磁电流的方向也能使电动机改变转向。与电枢反接可逆线路一样,可以采用接触器开关或晶闸管开关切换方式,也可采用两组晶闸管反并联供电方式来改变励磁方向。

图 2-5 所示为励磁反接可逆线路,其优点是供电装置功率小。由于励磁功率仅占电动机额定功率的 $1\%\sim5\%$,因此,采用励磁反接方案,所需晶闸管装置的容量小、投资少、效益高。缺点是改变转向时间长。由于励磁绕组的电感大,励磁反向的过程较慢,又因电动机不允许在失磁的情况下运行,因此系统控制相对复杂一些。

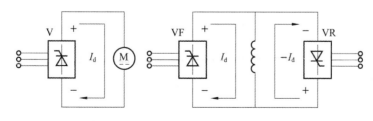

图 2-5　励磁反接可逆线路

不同的控制线路中都出现了三相可控整流电路,下面我们先从三相可控整流电路开始介绍。

任务1　三相半波可控整流电路的构建与调试

2.1　三相半波不可控整流电路

为了更好地理解三相半波可控整流电路,我们先来看一下由二极管组成的不可控整流电路,如图2-6(a)所示。此电路可由三相变压器供电,也可直接接到三相四线制的交流电源上。变压器二次侧相电压有效值为U_2,线电压为U_{2L}。其接法是三个整流管的阳极分别接到变压器二次侧的三相电源上,而三个阴极接在一起,接到负载的一端,负载的另一端接到整流变压器的中线,形成回路。此种接法称为共阴极接法。

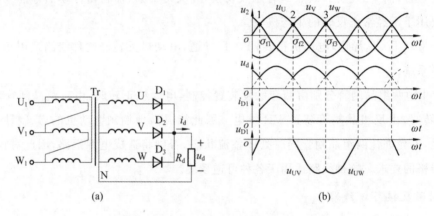

(a)　　　　　　　　　　　　　　　　(b)

图2-6　三相半波不可控整流电路及波形

图2-6(b)给出了三相交流电源u_U、u_V和u_W的波形图。u_d是输出电压的波形,u_{D1}是二极管承受的电压的波形。由于整流二极管导通的唯一条件就是阳极电位高于阴极电位,而三只二极管又是共阴极连接的,且阳极所接的三相电源是不断变化的,所以哪一相的瞬时值最高,则与该相相连的二极管就会导通,其余两只二极管就会因承受反向电压而关断。例如,在图2-6(b)中$\omega t_1 \sim \omega t_2$区间,U相的瞬时电压值$u_U$最高,因此与U相相连的二极管$D_1$优先导通,与V相、W相相连的二极管$D_2$和$D_3$则分别承受反向线电压$u_{VU}$、$u_{WU}$而关断。若忽略二极管的导通压降,此时,输出电压$u_d$就等于U相的电源电压$u_U$。同理,在$\omega t_2$时,由于V相的电压$u_V$开始高于U相的电压$u_U$而变为最高,因此电流就要由$D_1$换流给$D_2$,$D_1$和$D_3$又会承受反向线电压而处于阻断状态,输出电压$u_d = u_V$。同样在$\omega t_3$以后,因W相电压$u_W$最高,所以$D_3$导通,$D_1$和$D_2$受反压而关断,输出电压$u_d = u_W$。以后又重复上述过程。

可以看出,三相半波不可控整流电路中三只二极管轮流导通,导通角均为120°,输出电压u_d是脉动的三相交流相电压波形的正向包络线,在三相电源的一个周期内有三次脉动。负载电流波形形状与u_d相同。

其输出直流电压的平均值U_d为:

$$U_{\mathrm{d}} = \frac{3}{2\pi} \int_{\frac{\pi}{6}}^{\frac{5\pi}{6}} \sqrt{2} U_2 \sin\omega t \, \mathrm{d}(\omega t) = \frac{3\sqrt{6}}{2\pi} U_2 = 1.17 U_2 \tag{2.1}$$

整流二极管承受的电压的波形如图 2-6(b)所示。以 D_1 为例。在 $\omega t_1 \sim \omega t_2$ 区间,由于 D_1 导通,所以 u_{D1} 为零;在 $\omega t_2 \sim \omega t_3$ 区间,D_2 导通,则 D_1 承受反向电压 u_{UV},即 $u_{\mathrm{D1}} = u_{\mathrm{UV}}$;在 $\omega t_3 \sim \omega t_4$ 区间,D_3 导通,则 D_1 承受反向电压 u_{UW},即 $u_{\mathrm{D1}} = u_{\mathrm{UW}}$。从图 2-6(b)中还可看出,整流二极管承受的最大的反向电压就是三相线电压的峰值,即

$$U_{\mathrm{DM}} = \sqrt{6} U_2 \tag{2.2}$$

从图 2-6(b)中还可看到,1、2、3 这三个点分别是二极管 D_1、D_2 和 D_3 的导通起始点,即每经过其中一点,电流就会自动从前一相换流至后一相,这种换相是利用三相电源电压的变化自然进行的,因此把 1、2、3 点称为自然换相点。

2.2 三相半波可控整流电路

三相半波可控整流电路有两种接线方式,分别为共阴极接法和共阳极接法。由于共阴极接法触发脉冲有共用线,使用调试方便,所以三相半波共阴极接法常被采用。

1. 电阻性负载

1)电路结构

将三相不可控整流电路中的三个二极管换成晶闸管就组成了共阴极接法的三相半波可控整流电路,如图 2-7(a)所示。电路中,整流变压器的一次侧采用三角形连接,防止三次谐波进入电网。二次侧采用星形连接,可以引出中性线。三个晶闸管的阴极短接在一起,阳极分别接到三相电源上。

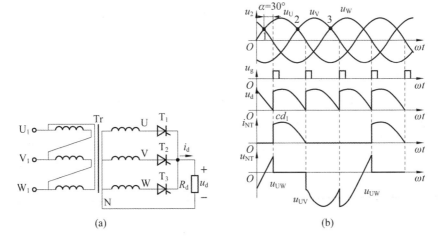

图 2-7 三相半波可控整流电路及 $\alpha = 30°$ 时的波形

三相半波可控整流电路增加了对晶闸管触发信号的要求,一周期内每只晶闸管各需触发导通一次,且各相触发脉冲的间隔为 120°。当 T_1 控制角 α 从自然换相点开始逐渐后移,整流输出电压将逐渐减小,电路的输出电压变得可调。

在三相可控整流电路中,把自然换相点作为计算控制角 α 的起点,即该处 $\alpha=0°$(注意:这与单相可控整流电路是不同的)。在该点以前,对应的晶闸管因承受反压而不能触发导通,它是各相晶闸管能被正常触发导通的最早时刻,该点距离相电压波形过零点 $30°$ 电角度。

2)工作原理

(1) $0°\leqslant\alpha\leqslant30°$。

$\alpha=0°$ 时,三个晶闸管相当于三个整流二极管,负载两端的电流电压波形如图 2-6(b)所示,晶闸管两端的电压波形与二极管的电压波形完全相同。

如果增大控制角 α,将脉冲后移,整流电路的工作情况相应地发生变化。假设电路已在工作,W 相所接的晶闸管 T_3 导通,经过自然换相点"1"时,由于 U 相所接晶闸管 T_1 的触发脉冲尚未送到,T_1 无法导通。于是 T_3 仍承受正向电压继续导通,直到过 U 相自然换相点"1"点 $30°$,晶闸管 T_1 被触发导通,输出直流电压由 W 相换到 U 相,如图 2-7(b)所示为 $\alpha=30°$ 时的输出电压和电流波形以及晶闸管两端电压波形。

(2) $30°\leqslant\alpha\leqslant150°$。

当触发角 $\alpha\geqslant30°$ 时,此时的电压和电流波形断续,各个晶闸管的导通角小于 $120°$,此时 $\alpha=60°$ 的波形如图 2-8 所示。

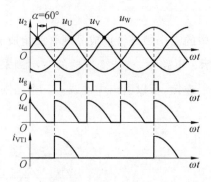

图 2-8　三相半波可控整流电路 $\alpha=60°$ 的波形

从上面的分析可以得出如下结论。

① 在 $\alpha\leqslant30°$ 时负载电流连续,每个晶闸管的导电角均为 $120°$,当 $\alpha\geqslant30°$ 时,输出电压和电流波形将不再连续。

② 在电源交流电路中不存在电感的情况下,晶闸管之间的电流转移是在瞬间完成的。

③ 负载上的电压波形是相电压的一部分。

④ 晶闸管处于截止状态时所承受的电压是线电压而不是相电压。

⑤ 整流输出电压的脉动频率为 $3\times50\ Hz=150\ Hz$(脉波数 $m=3$)。

3)基本的物理量计算

(1)整流输出电压的平均值。

当 $0°\leqslant\alpha\leqslant30°$ 时,此时电流波形连续,通过分析可得到:

$$U_{\mathrm{d}} = \frac{1}{\frac{2\pi}{3}} = \int_{\frac{\pi}{6}+\alpha}^{\frac{5\pi}{6}+\alpha} \sqrt{2}U_2 \sin\omega t\, \mathrm{d}(\omega t) = \frac{3\sqrt{6}}{2\pi}U_2\cos\alpha = 1.17U_2\cos\alpha \qquad (2.3)$$

当 $30° \leqslant \alpha \leqslant 150°$ 时,此时电流波形断续,通过分析可得到:

$$U_{\mathrm{d}} = \frac{1}{\frac{2\pi}{3}} \int_{\frac{\pi}{6}+\alpha}^{\pi} \sqrt{2}U_2 \sin\omega t\, \mathrm{d}(\omega t) = \frac{3\sqrt{2}}{2\pi}U_2\left[1 + \cos\left(\frac{\pi}{6}+\alpha\right)\right]$$

$$= 0.675U_2\left[1 + \cos\left(\frac{\pi}{6}+\alpha\right)\right] \qquad (2.4)$$

当 $\alpha = 0°$ 时整流输出电压平均值 U_{d} 最大,为 $1.17U_2$。当 $\alpha = 150°$ 时,$U_{\mathrm{d}} = 0$。由前面的波形分析可以知道,当触发脉冲后移到 $\alpha = 150°$ 时正好为电源相电压的过零点,后面晶闸管不再承受正向电压,将无法导通。所以带电阻性负载的三相半波可控整流电路的 α 移相范围为 $0 \sim 150°$。

(2)直流输出平均电流。

对于电阻性负载,电流与电压波形是一致的,数量关系为:

$$I_{\mathrm{d}} = \frac{U_{\mathrm{d}}}{R_{\mathrm{d}}} \qquad (2.5)$$

(3)流过每只晶闸管的电流平均值和有效值。

$$I_{\mathrm{dT}} = \frac{1}{3}I_{\mathrm{d}} \qquad (2.6)$$

$$I_{\mathrm{T}} = \frac{U_2}{R_{\mathrm{d}}}\sqrt{\frac{1}{2\pi}\left(\frac{2\pi}{3} + \frac{\sqrt{3}}{2}\cos2\alpha\right)} \qquad (0° \leqslant \alpha \leqslant 30°) \qquad (2.7)$$

$$I_{\mathrm{T}} = \frac{U_2}{R_{\mathrm{d}}}\sqrt{\frac{1}{2\pi}\left(\frac{5\pi}{6} - \alpha + \frac{\sqrt{3}}{4}\cos2\alpha + \frac{1}{4}\sin2\alpha\right)} \qquad (30° \leqslant \alpha < 150°) \qquad (2.8)$$

(4)晶闸管上承受的电压。

由前面的波形分析可以知道,晶闸管承受的最大反向电压为变压器二次侧线电压的峰值,即

$$U_{\mathrm{RM}} = \sqrt{2} \times \sqrt{3}U_2 = \sqrt{6}U_2 \qquad (2.9)$$

电流断续时,晶闸管承受的是电源的相电压,所以晶闸管承受的最大正向电压为相电压的峰值,即

$$U_{\mathrm{FM}} = \sqrt{2}U_2 \qquad (2.10)$$

2.电感性负载

1)波形分析

电路特点是 L 值很大时 i_{d} 波形连续且基本平直,每只晶闸管始终导通 $120°$。当 $\alpha \leqslant 30°$ 时,整流电压波形与电阻负载时相同。$\alpha > 30°$ 时 u_{d} 波形中出现负的部分(如 $\alpha = 60°$ 时的波形如图 2-9 所示)。u_2 过零时,T_1 不关断,直到 T_2 的脉冲到来才换流。i_{d} 波形有一定的脉动,但

为简化分析及定量计算，可将 i_d 近似为一条水平线。

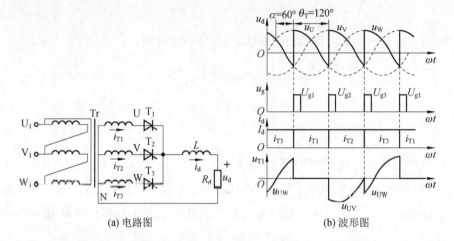

(a) 电路图   (b) 波形图

图 2-9　三相半波可控整流电路带电感性负载 $\alpha=60°$ 时的电路及波形

2）参数计算

（1）整流输出电压的平均值。

当 $0°\leqslant\alpha\leqslant90°$ 时，此时电流波形连续，通过分析可得到：

$$U_d = \frac{1}{\frac{2\pi}{3}}6 = \int_{\frac{\pi}{6}+\alpha}^{\frac{5\pi}{6}+\alpha} \sqrt{2}U_2\sin\omega t\,\mathrm{d}(\omega t) = \frac{3\sqrt{6}}{2\pi}U_2\cos\alpha = 1.17U_2\cos\alpha \tag{2.11}$$

当 $\alpha=0°$ 时 U_d 最大，为 $1.17U_2$。当 $\alpha=90°$ 时，U_d 为 0。由前面的波形分析可以知道，当触发脉冲后移到 $\alpha=90°$ 时，每只晶闸管一周期内导通波形正负面积相等，如果继续增大 α 整流输出电压将为负值，电路不再处于整流工作状态。所以三相半波整流电路带电感性负载时的移相范围为 $0\sim90°$。

（2）直流输出平均电流。

对于大电感负载，电流波形近似为平行线，即

$$i_d = I_d \tag{2.12}$$

（3）每只晶闸管上的电流平均值和有效值。

$$I_{dT} = \frac{I_d}{3} \tag{2.13}$$

$$I_T = \frac{I_d}{\sqrt{3}} \tag{2.14}$$

（4）晶闸管上承受的电压。

由前面的波形分析可以知道，晶闸管承受的最大正反向电压都是变压器二次侧线电压的峰值，即

$$U_{RM} = U_{FM} = \sqrt{6}U_2 \tag{2.15}$$

3. 接续流二极管的电感性负载

为了解决控制角 α 接近 90°时,输出电压波形正负面积接近相等而使平均电压 $U_d \approx 0$ 的问题,可以在带电感性负载时接续流二极管,如图 2-10(a)所示。

$\alpha \leqslant 30°$ 时, u_d 波形与电阻负载时相同,续流二极管不导通。

$\alpha > 30°$ 时, i_d 波形仍然连续,负载电流 $i_d = i_{T1} + i_{T2} + i_{T3} + i_D$ 。 u_d 波形中不出现负电压。一周期内晶闸管的导通角 $\theta_T = 150° - \alpha$,如图 2-10(b)所示。续流二极管在一周期内导通三次,其导通角 $\theta_D = 3(\alpha - 30°)$ 。

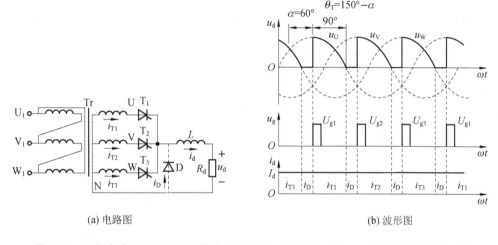

(a) 电路图　　　　　　　　　　　　　　　(b) 波形图

图 2-10　三相半波可控整流电路带电感性负载、接续流二极管、$\alpha = 60°$时的电路及波形

接了续流二极管的三相半波可控整流电路中,输出电压、电流的波形和计算公式与带电阻性负载电路完全相同,所以 α 移相范围也为 0～150°。

流过晶闸管的电流平均值和有效值:

$$I_{dT} = \frac{\theta_T}{2\pi} I_d = \frac{150° - \alpha}{360°} I_d \qquad (2.16)$$

$$I_T = \sqrt{\frac{\theta_T}{2\pi}} I_d = \sqrt{\frac{150° - \alpha}{360°}} I_d \qquad (2.17)$$

流过续流管的电流平均值和有效值:

$$I_{dD} = \frac{\theta_D}{2\pi} I_d = \frac{\alpha - 30°}{120°} I_d \qquad (2.18)$$

$$I_D = \sqrt{\frac{\theta_D}{2\pi}} I_d = \sqrt{\frac{\alpha - 30°}{120°}} I_d \qquad (2.19)$$

三相半波可控整流电路只用三只晶闸管,因此电路接线比较简单。但是,变压器的每个二次侧绕组在一个周期内只有 1/3 时间流过电流,绕组利用率较低。另外绕组的电流是单方向的,因此还存在直流磁化现象。负载电流要经过电源的零线,会导致额外的损耗。所以,三相半波整流电路一般用于小容量场合。

2.3 集成触发器

集成电路触发器可靠性高，技术性能好，体积小，功耗低，调试方便，已逐步取代分立式电路。

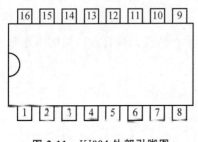

图 2-11 KJ004 外部引脚图

KJ004 是专用的移相触发器集成块，适用于单相、三相全控桥式供电装置中，作可控硅的双路脉冲移相触发器。外部引脚见图 2-11 所示，外部引脚功能见表 2-1。器件 1 脚、15 脚输出两路相差 180°的移相脉冲，可以方便地构成全控桥式触发器线路。该触发器具有输出负载能力大、移相性能好、正负半周脉冲相位均衡性好、移相范围宽、对同步电压要求低、有脉冲列调制输出端等功能与特点。

表 2-1 KJ004 外部引脚功能表

功 能	输出	空	锯齿波形成	$-V_{ee}$(1k Ω)	空	地	同步输入	综合比较	空	微分阻容	封锁调制	输出	$+V_{cc}$
引脚号	1	2	3	4	5	6	7	8	9	10	11	12	13	14	15	16

KJ004 的电路结构如图 2-12 所示，与分立元件的锯齿波移相触发电路相似，由同步检测电路，锯齿波形成电路，偏形电压、移相电压及锯齿波电压综合比较放大电路和功率放大电路四部分组成。

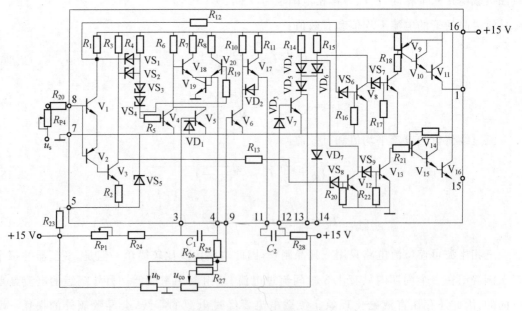

图 2-12 KJ004 的电路结构

　　锯齿波的斜率取决于外接电阻 R_6、R_{W1} 流出的充电电流和积分电容 C_1 的数值。对不同的移相控制电压 V_Y，只有改变权电阻 R_1、R_2 的比例，调节相应的偏移电压 V_P。同时调整锯齿波斜率电位器 R_{W1}，可以使不同的移相控制电压获得整个移相范围。触发电路为正极性型，即移相电压增加，导通角增大。R_7 和 C_2 形成微分电路，改变 R_7 和 C_2 的值，可获得不同的脉宽输出的同步电压为任意值。图 2-13 所示为 KJ004 各观测点的波形图。

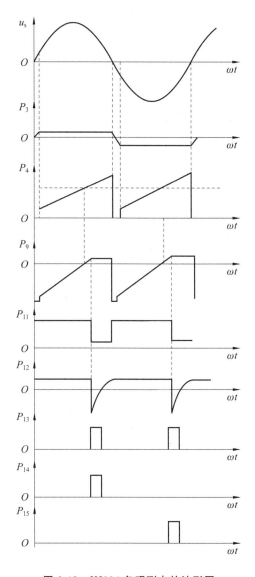

图 2-13　KJ004 各观测点的波形图

目前三相整流电路的触发电路大都采用此类集成触发器。

实训 2.1　三相半波可控整流电路的构建与调试

(一)实训目的

了解三相半波可控整流电路的工作原理,研究可控整流电路在电阻负载时的工作情况。

（二）实训内容

研究三相半波可控整流电路供电给电阻负载时的工作情况。

（三）实训设备及仪器

（1）电力电子及电气传动平台控制屏。

（2）MCLMK-14 三相整流触发模块。

（3）MCLMK-09 晶闸管整流模块。

（4）MCLMK-12 灯泡负载。

（5）DLDZ-09 电阻负载。

（6）双踪示波器。

2.1 三相半波
可控整流电路
的构建与调试

（四）注意事项

（1）整流电路与三相电源连接时，一定要注意相序。

（2）整流电路的负载电阻不宜过小，应使 I_d 不超过 0.8 A，同时负载电阻不宜过大，保证 I_d 超过 0.1 A，避免晶闸管时断时续。

（3）正确使用示波器，避免示波器的两根地线接在非等电位的端点上，造成短路事故。

（4）接阻感负载时电阻可取 450 Ω，电感取 700 mH。

（五）实训步骤

（1）检查各实训设备外观及质量是否良好。

（2）触发电路、整流电路以及三相电源之间连接时，一定要注意顺序。如图 2-14 所示，把主控屏上 U、V、W 三相电源输出接到三相全控移相整流触发器模块的 R、S、T 三端，将 U_i 接 U_g，地接地。分别将三相全控移相整流触发器的触发脉冲接到相应晶闸管的触发脉冲端，A_1、G_1、A_3、G_3、A_5、G_5 分别接到晶闸管电路上 T_1、T_3、T_5 的阳极（A）和阴极（G）。合上漏电保护断路器 QF，将主控屏上 U、V、W 三相电源输出再与 MCLMK-09 模块上的 U、V、W 连接。

（3）合上主控屏上电源开关，调节内控 R_P 给定电压，观察灯泡的变化。

（4）关断主控屏上总电源开关，断开漏电保护断路器 QF。

（5）实训说明。

① 电路连接时可在负载回路中串联一个量程 2 A 的直流电流表，同时并联一个量程 500 V 的直流电压表，在调节 DL-CX-004 中 R_{P1} 旋钮的过程中观察表读数的变化。

② 负载可为单个灯泡，在调节 DL-CX-004 中 R_{P1} 旋钮的过程中观察灯亮度的变化；也可为 450 Ω 电阻或加 700 mH 阻感，带续流二极管，通过示波器观察整流电压波形的不同。

（六）思考

（1）如何确定三相触发脉冲的相序？它们之间分别应有多大的相位差？

（2）根据所用晶闸管的定额，如何确定整流电路允许的输出电流？

（3）分析三相半波可控整流电路的特点。

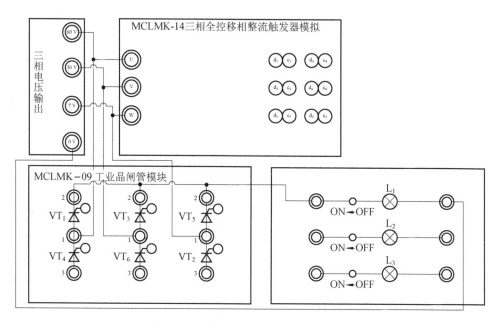

图 2-14　三相半波可控整流电路接线图

任务 2　三相桥式可控整流电路的构建与调试

2.4　三相桥式全控整流电路

1.电阻性负载

1）电路组成

三相桥式全控整流电路实质上是一组共阴极半波可控整流电路与共阳极半波可控整流电路的串联。共阴极半波可控整流电路实际上只利用电源的正半周期,共阳极半波可控整流电路只利用电源的负半周期,如果两种电路串联便可以得到三相桥式全控整流电路,电路的组成如图 2-15(a)所示。

2）工作原理

共阴极组的自然换相点($\alpha=0°$)在 ωt_1、ωt_3、ωt_5 时刻,分别触发 T_1、T_3、T_5 晶闸管,共阳极组的自然换相点($\alpha=0°$)在 ωt_2、ωt_4、ωt_6 时刻,分别触发 T_2、T_4、T_6 晶闸管,两组的自然换相点对应相差 $60°$,电路各自在本组内换流,即 $T_1-T_3-T_5-T_1-\cdots$,$T_6-T_2-T_4-T_6-$ $\cdots$,每个管子轮流导通 $120°$ 电角度。由于中性线断开,要使电流流通,负载端有输出电压,必须在共阴极和共阳极组中各有一个晶闸管同时导通。

在 $\omega t_1\sim\omega t_2$ 期间,U 相电压最高,V 相电压最低,在触发脉冲作用下,T_6、T_1 管同时导通,电流从 U 相流出,经 T_1、负载、T_6 流回 V 相,负载上得到 U、V 相线电压 u_{UV}。从 ωt_2 开始,U 相仍保持电位最高,T_1 继续导通,但 W 相电位开始比 V 相更低,此时触发脉冲触发 T_2

导通,迫使 T_6 承受反压而关断,负载电流从 T_6 中换到 T_2 中。以此类推,负载两端的波形如图 2-15(b)所示。

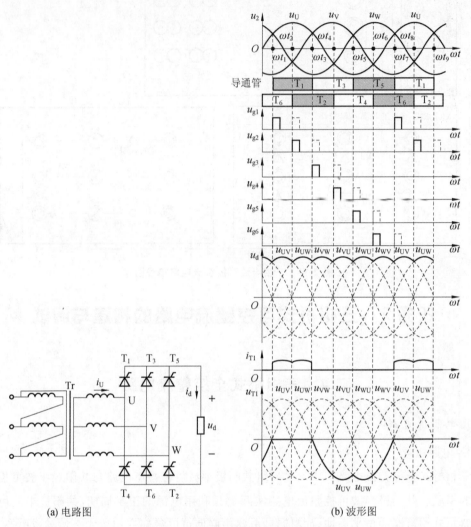

| (a) 电路图 | (b) 波形图 |

图 2-15　三相桥式全控整流电路及波形

导通晶闸管及负载电压如表 2-2 所示。

表 2-2　三相全控桥导通情况

导通期间	$\omega t_1 \sim \omega t_2$	$\omega t_2 \sim \omega t_3$	$\omega t_3 \sim \omega t_4$	$\omega t_4 \sim \omega t_5$	$\omega t_5 \sim \omega t_6$	$\omega t_6 \sim \omega t_7$
导通 T	T_1、T_6	T_1、T_2	T_3、T_2	T_3、T_4	T_5、T_4	T_5、T_6
共阴电位	U 相	U 相	V 相	V 相	W 相	W 相
共阳电位	V 相	W 相	W 相	U 相	U 相	V 相
负载电压	UV 线电压 u_{UV}	UW 线电压 u_{UW}	VW 线电压 u_{VW}	VU 线电压 u_{VU}	WU 线电压 u_{WU}	WV 线电压 u_{WV}

3) 三相桥式全控整流电路的特点

(1) 必须有两个晶闸管同时导通才可能形成供电回路,其中共阴极组和共阳极组各一个,且不能为同一相的器件。

（2）对触发脉冲的要求。

① 按 $T_1—T_2—T_3—T_4—T_5—T_6$ 的顺序,相位依次差 60°。共阴极组 T_1、T_3、T_5 的脉冲依次差 120°,共阳极组 T_4、T_6、T_2 也依次差 120°。同一相的上下两个晶闸管,即 T_1 与 T_4、T_3 与 T_6、T_5 与 T_2,脉冲相差 180°。

② 为了可靠触发导通晶闸管,触发脉冲要有足够的宽度,通常采用单宽脉冲触发或采用双窄脉冲触发。但实际应用中,为了减少脉冲变压器的铁芯损耗,大多采用双窄脉冲。

4）不同控制角时的波形分析

（1）$\alpha=30°$ 时的工作情况(波形如图 2-16 所示)。

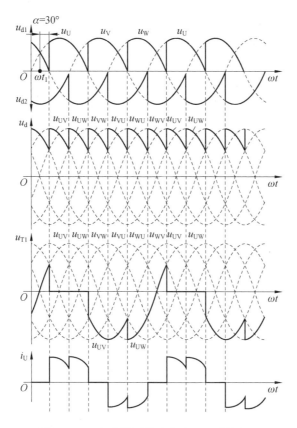

图 2-16　三相全控桥整流电路 $\alpha=30°$ 的波形

这种情况与 $\alpha=0°$ 时的区别在于:晶闸管起始导通时刻推迟了 30°,组成 u_d 的每一段线电压因此推迟 30°,从 ωt_1 开始把一周期等分为 6 段,u_d 波形仍由 6 段线电压构成,每一段导通晶闸管的编号等仍符合表 2-2 所示的规律。变压器二次侧电流 i_a 波形的特点:在 T_1 处于通态的 120° 期间,i_a 为正,i_a 波形的形状与同时段的 u_d 波形相同;在 T_4 处于通态的 120° 期间,i_a 波形的形状也与同时段的 u_d 波形相同,但为负值。

（2）$\alpha=60°$ 时的工作情况(波形如图 2-17 所示)。

此时 u_d 的波形中每段线电压的波形继续后移,u_d 平均值继续降低。$\alpha=60°$ 时出现 u_d 为零的点,这种情况即为输出电压 u_d 为连续和断续的分界点。

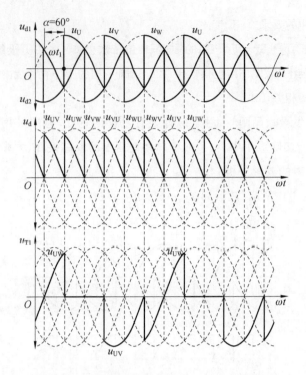

图 2-17　三相全控桥整流电路 $\alpha=60°$ 的波形

（3）$\alpha=90°$ 时的工作情况（波形如图 2-18 所示）。

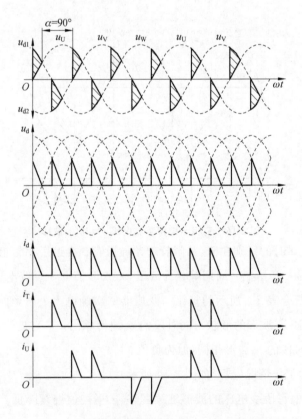

图 2-18　三相全控桥整流电路 $\alpha=90°$ 的波形

此时 u_d 的波形中每段线电压的波形继续后移，u_d 平均值继续降低。$\alpha=90°$ 时 u_d 波形断续，每个晶闸管的导通角小于 $120°$。

5）基本物理量计算

（1）当 $\alpha \leqslant 60°$ 时，负载电流连续，负载上承受的是线电压，设其表达式为 $u_{UV}=\sqrt{3} \times \sqrt{2}U_2\sin\omega t$，而线电压超前于相电位 $30°$，在 $\dfrac{\pi}{3}$ 内积分上、下限为 $\dfrac{2\pi}{3}+\alpha$ 和 $\dfrac{\pi}{3}+\alpha$。因此当控制角 $\alpha \leqslant 60°$ 时，整流输出电压的平均值为：

$$U_d = \dfrac{1}{\dfrac{\pi}{3}} \int_{\frac{\pi}{3}+\alpha}^{\frac{2\pi}{3}+\alpha} \sqrt{6}U_2\sin\omega t\,\mathrm{d}(\omega t) = \dfrac{3\sqrt{6}}{\pi}U_2\cos\alpha$$

$$= 2.34U_2\cos\alpha \qquad (0° \leqslant \alpha \leqslant 60°) \tag{2.20}$$

（2）当 $\alpha>60°$ 时，负载电流不连续，整流输出电压的平均值为：

$$U_d = \dfrac{1}{\dfrac{\pi}{3}} \int_{\frac{\pi}{3}+\alpha}^{\pi} \sqrt{6}U_2\sin\omega t\,\mathrm{d}(\omega t)$$

$$= 2.34U_2\left[1+\cos\left(\dfrac{\pi}{3}+\alpha\right)\right] \qquad (60° \leqslant \alpha \leqslant 120°) \tag{2.21}$$

当 $\alpha=120°$ 时，$U_d=0$，因此带电阻负载时三相桥式全控整流电路 α 角的移相范围是 $0° \sim 120°$。

晶闸管承受的最大正、反向峰值电压为 $\sqrt{6}U_2$。

2. 电感性负载

1）工作原理

（1）$\alpha \leqslant 60°$ 时，u_d 波形连续，工作情况与带电阻负载时十分相似，各晶闸管的通断情况、输出整流电压 u_d 波形、晶闸管承受的电压波形等都一样。

两种负载时的区别在于，由于负载不同，同样的整流输出电压加到负载上，得到的负载电流 i_d 波形不同。电感性负载时，由于电感的作用，使得负载电流波形变得平直，当电感足够大的时候，负载电流的波形可近似为一条水平线。$\alpha=0°$ 和 $\alpha=30°$ 的波形如图 2-19（b）、（c）所示。

（2）$\alpha>60°$ 时，电感性负载时的工作情况与电阻负载时不同，电阻负载时 u_d 波形不会出现负的部分，而电感性负载时，由于电感 L 的作用，u_d 波形会出现负的部分，$\alpha=90°$ 时的波形如图 2-20 所示。

2）基本物理量计算

（1）整流输出电压平均值为：

$$U_d = \dfrac{1}{\dfrac{\pi}{3}} = \int_{\frac{\pi}{3}+\alpha}^{\frac{2\pi}{3}+\alpha} \sqrt{6}U_2\sin\omega t\,\mathrm{d}(\omega t) = 2.34U_2\cos\alpha \qquad (0° \leqslant \alpha \leqslant 90°)$$

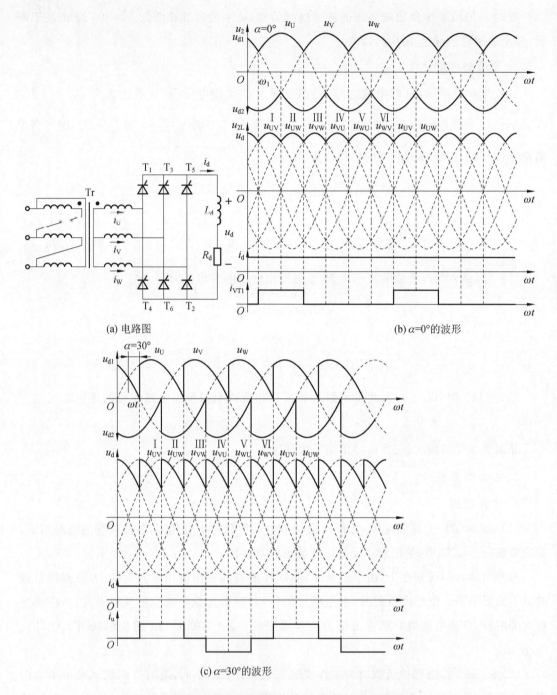

(a) 电路图　　　　　　　　　　　　　　　　　(b) α=0°的波形

(c) α=30°的波形

图 2-19　三相桥式全控整流电路电感性负载电路及波形

当 $\alpha = 90°$ 时，$U_d = 0$，因此带电感性负载时三相桥式全控整流电路的 α 角移相范围为 $0°$ ～$90°$。

（2）负载电流平均值为：

$$I_d = \frac{U_d}{R_d} = 2.34 \frac{U_2}{R_d} \cos\alpha$$

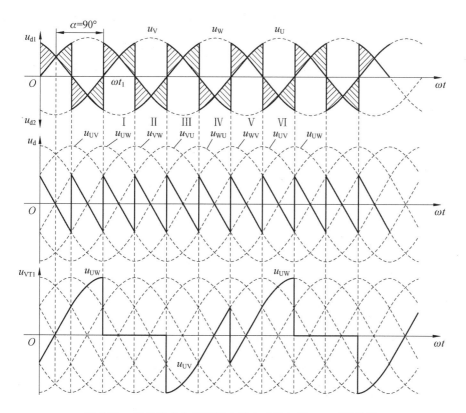

图 2-20　三相桥式全控整流电路电感性负载 $\alpha=90°$ 的波形

三相全控桥式整流电路中,晶闸管换流只在本组内进行,每隔 120° 换流一次,即在电流连续的情况下,每只晶闸管的导通角 $\theta_T = 120°$。

(3) 流过晶闸管的电流平均值和有效值:

$$I_{dT} = \frac{\theta_T}{2\pi} I_d = \frac{120°}{360°} I_d = \frac{1}{3} I_d \tag{2.22}$$

$$I_T = \sqrt{\frac{\theta_T}{2\pi}} I_d = \sqrt{\frac{1}{3}} I_d = 0.577 I_d \tag{2.23}$$

当整流变压器为采用星形接法,带电感负载时,变压器二次侧电流波形如图 2-19(c)所示,为正负半周各宽 120°、前沿相差 180° 的矩形波。

(4) 流进变压器二次侧的电流有效值为

$$I_2 = \sqrt{\frac{1}{2\pi}\left(I_d{}^2 \times \frac{2}{3}\pi + (-I_d)^2 \times \frac{2}{3}\pi\right)} = \sqrt{\frac{2\pi}{3}} I_d = 0.816 I_d \tag{2.24}$$

(5) 晶闸管承受的最大电压为 $\sqrt{6} U_2$。

和单相桥式整流电路一样,三相桥式整流电路也有全控和半控两种结构,由于分析方法相同,这里不再赘述。

2.5　相控整流电路的换相压降

在以前的分析和计算中,都认为晶闸管是理想开关,其换流是瞬时完成的。实际工作中,整流变压器存在漏感,晶闸管之间的换流不能瞬时完成,会出现参与换流的两个晶闸管同时导通的现象,同时导通的时间对应的电角度称为换相重叠角 γ。如图 2-21 所示为三相半波相控整流电路在考虑变压器漏感后的等效电路及输出电压、电流的波形。图中 L_B 为变压器的每相绕组折合到二次侧的漏感。

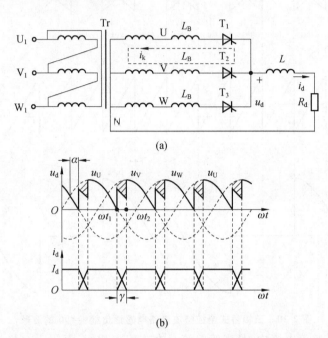

(a)

(b)

图 2-21 考虑变压器漏感后的相控整流电路的等效电路及输出电压、电流的波形

当 ωt_1 时刻触发 T_2 时,V 相电流不能瞬时上升到 I_D 值,U 相电流不能瞬时下降到零,电流换相需要时间 t_r,换流重叠角所对应的时间为 $t_r = \gamma/\omega$。在重叠角期间,T_1、T_2 同时导通,产生一个虚拟电流 i_K,如图 2-21(b)中虚线所示。由图 2-21(b)可知:

$$u_V - u_U = 2L_B \frac{\mathrm{d}i_k}{\mathrm{d}t} \tag{2.25}$$

而整流输出电压为:

$$u_d = u_V - L_B \frac{\mathrm{d}i_k}{\mathrm{d}t} = u_U + L_B \frac{\mathrm{d}i_k}{\mathrm{d}t} = u_V + \frac{1}{2}(u_V - u_U) = \frac{1}{2}(u_U + u_V) \tag{2.26}$$

上式表明,在 γ 期间,直流输出电压为同时导通的两只晶闸管所对应的两个相电位的平均值。由此我们不难得出 u_d 的波形(如图 2-21 所示)。与不考虑变压器漏感时相比,每次换相其输出电压波形都少了一块阴影面积,降低的电压值为 $u_V - u_d = \frac{1}{2}(u_V - u_U) = L_B \frac{\mathrm{d}i_k}{\mathrm{d}t}$。

图 2-21 中的阴影面积大小为:

$$A = \int_0^\gamma L_B \frac{\mathrm{d}i_k}{\mathrm{d}t} \mathrm{d}(\omega t) = \int_0^{I_d} \omega L_B \mathrm{d}i_k = \omega L_B I_d \tag{2.27}$$

1. 换相压降 ΔU_d

在图 2-21(b)中,整流输出电压为三相波形组合(即一周期内换相 3 次),每个周期内有 3

个阴影面积,这些阴影面积之和 $3A$ 除以周期 2π,即为换相重叠角期间输出平均电压的减少量,称为换相压降 ΔU_d,即

$$\Delta U_d = \frac{3A}{2\pi} = \frac{3\omega L_B I_d}{2\pi} = \frac{3X_B I_d}{2\pi} \tag{2.28}$$

式中:$X_B = \omega L_B$ 是变压器每相漏感折合到二次侧的漏电抗。

由式(2.28)可知,换相压降 ΔU_d 正比于负载电流 I_d,它相当于整流电源增加了一项等效电阻 $3X_B/2\pi$,但这个等效内阻并不消耗有功功率。

2.换相重叠角 γ

在图 2-21(b)中,为便于计算,将坐标原点移到 U、V 相的自然换相点,设 $u_U = \sqrt{2}U_2\cos(\omega t + \frac{\pi}{3})$,则 $u_V = \sqrt{2}U_2\cos(\omega t - \frac{\pi}{3})$,由式(2.25)可得:

$$2L_B\frac{di_k}{dt} = \sqrt{2}U_2\left[\cos(\omega t - \frac{\pi}{3}) - \cos(\omega t + \frac{\pi}{3})\right] = \sqrt{6}U_2\sin\omega t \tag{2.29}$$

两边同乘以 ω 得:

$$2\omega L_B di_k = \sqrt{6}U_2\sin\omega t\, d\omega t \tag{2.30}$$

由电路工作原理可知,当电感 L_B 中电流从 0 变到 I_d 时,正好对应 ωt 从 α 变到 $\alpha + \gamma$,将此条件代入式(2.30)得:

$$2X_B\int_0^{I_d} di_k = \sqrt{6}U_2\int_\alpha^{\alpha+\gamma}\sin\omega t\, d\omega t$$

即

$$2X_B I_d = \sqrt{6}U_2\left[\cos\alpha - \cos(\alpha + \gamma)\right] \tag{2.31}$$

则换相重叠角为

$$\gamma = \arccos\left(\cos\alpha - \frac{2X_B I_d}{\sqrt{6}U_2}\right) - \alpha \tag{2.32}$$

上式表明,当 L_B 或 I_d 增大时,γ 将增大;当 α 增大时,γ 减小。必须指出,如果在负载两端并联续流二极管,将不会出现换流重叠的现象,因为换流过程因续流二极管的存在而被改变。

对于其他整流电路中的换相压降和换相重叠角,如表 2-3 所示。

表 2-3 各种整流电路换相压降和换相重叠角的计算

电路形式	单相全波	单相全控桥	三相半波	三相全控桥	M 脉波整流电路
ΔU_d	$\dfrac{X_B}{\pi}I_d$	$\dfrac{2X_B}{\pi}I_d$	$\dfrac{3X_B}{2\pi}I_d$	$\dfrac{3X_B}{\pi}I_d$	$\dfrac{mX_B}{2\pi}I_d$
$\cos\alpha - \cos(\alpha+\gamma)$	$\dfrac{I_d X_B}{\sqrt{2}U_2}$	$\dfrac{2I_d X_B}{\sqrt{2}U_2}$	$\dfrac{2X_B I_d}{\sqrt{6}U_2}$	$\dfrac{2X_B I_d}{\sqrt{6}U_2}$	$\dfrac{I_d X_B}{\sqrt{2}U_2\sin\frac{\pi}{m}}$

注:①单相全控桥电路,X_B 在一个周期的两次换相中都起作用,等效为 $M = 4$。
②三相桥电路等效为相电压有效值等于 $\sqrt{3}U_2$ 的 6 脉波整流电路,故其 $M = 6$,相电压有效值按 $\sqrt{3}U_2$ 代入。
③上表 M 脉波指在一个电源周期内整流输出波形有 M 个"波头",如三相桥式整流有 6 个"波头",即 6 脉波。

2.6 三相整流桥的触发电路

目前三相整流电路的触发电路大都采用集成触发器。集成触发器的优点是可靠性高，技术性能好，体积小，功耗低，调试方便。如图 2-22 所示，3 个 KJ004 集成块和 1 个 KJ041 集成块，可形成 6 路双脉冲，再由 6 只晶体管进行脉冲放大后即可用于触发三相整流桥的 6 只晶闸管。

KJ041 内部是由 12 只二极管构成的 6 个或门。

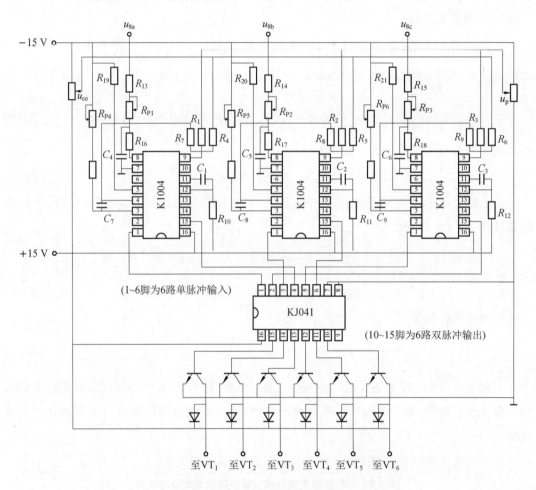

图 2-22 三相全控桥整流电路的集成触发电路

以上触发电路是模拟的，其优点是结构简单、可靠，缺点是易受电网电压影响，触发脉冲不对称度较高，可达 $3°\sim4°$，精度低。数字触发电路脉冲对称度很好，如基于 8 位单片机的数字触发器精度可达 $0.7°\sim1.5°$。

实训 2.2 三相桥式全控整流电路的构建与调试

(一)实训目的

(1) 熟悉三相桥式全控整流电路的接线及工作原理。

（2）了解集成触发器的调整方法及各点波形。

(二)实训内容

三相桥式全控整流电路的调试。

2.2 三相桥式
可控整流电路
的构建与调试

(三)实训设备及仪器

（1）电力电子及电气传动平台控制屏。

（2）MCLMK-14 三相全控移相整流触发器模块。

（3）MCLMK-09 工业晶闸管模块。

（4）MCLMK-12 灯泡负载。

（5）DLDZ-09 电阻负载。

（6）双踪示波器。

(四)实训步骤

（1）检查各实训设备外观及质量是否良好。

（2）触发电路、整流电路以及三相电源之间连接时，一定要注意顺序。如图 2-23 所示，把主控屏上 U、V、W 三相电源输出接到三相全控移相整流触发器模块的 R、S、T 三端。分别将三相全控移相整流触发器的触发脉冲接到相应晶闸管的触发脉冲端，A_1、G_1，A_2、G_2，A_3、G_3、A_4、G_4、A_5、G_5、A_6、G_6 接 $T_1 \sim T_6$ 的阳极（A）和门极（G）。将主控屏上 U、V、W 三相电源输出再与 MCLMK-09 模块上的 U、V、W 连接。

（3）合上主控屏上电源开关，调节 R_P 给定电压，观察灯泡的变化。若用阻感负载可取电阻 450 Ω，电感 700 mH。

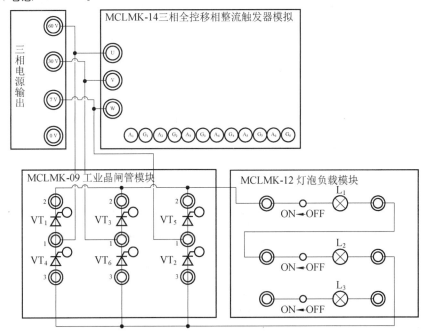

图 2-23 三相桥式全控整流电路接线图

（4）关断主控屏上总电源开关，断开漏电保护断路器 QF。

（5）实训说明。

① 电路连接时可在负载回路中串联一个量程 2 A 的直流电流表，同时并联一个量程 500 V 的直流电压表，在调节 DL-CX-004 中 R_{P1} 旋钮的过程中观察表读数的变化。

② 负载可为多个串联灯泡，在调节 DL-CX-004 中 R_{P1} 旋钮的过程中观察灯亮度的变化；也可为 450 Ω 电阻或加 700 mH 阻感，带续流二极管，通过示波器观察整流电压波形的不同。

（五）思考

（1）如何确定三相触发脉冲的相序？它们之间分别应有多大的相位差？

（2）根据所用晶闸管的定额，如何确定整流电路允许的输出电流？

（3）将三相半波可控整流电路与三相桥式全控整流电路比较，分析各个整流电路的特点。

任务 3　三相有源逆变电路的构建与调试

在直流可逆拖动系统中，晶闸管整流桥的负载是直流电动机，由于直流电动机的电感作用，相当于连接了反电动势负载。当电动机工作在第 Ⅱ、Ⅳ 象限时（见图 2-1），电路发生了有源逆变。

2.7　有源逆变的工作原理

整流与有源逆变的根本区别就表现在两者能量传送方向的不同。一个相控整流电路，只要满足一定条件，也可工作于有源逆变状态。

1. 直流发电机-电动机之间的能量传递

如图 2-24 所示，图中 G 是直流发电机，M 是电动机，R_Σ 是等效电阻，下面来分析直流发电机-电动机系统中电能的转换关系。

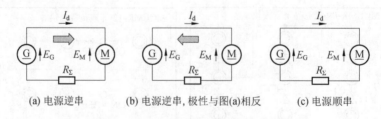

(a) 电源逆串　　　　(b) 电源逆串，极性与图(a)相反　　　　(c) 电源顺串

图 2-24　直流发电机-电动机之间电能的转换

由于负载是直流电动机，我们首先要明白以下两点。

（1）直流电动机电枢（转子）电流方向决定受力、力矩方向，电流方向与受力方向相同。

（2）直流电动机旋转方向决定感应电动势方向，旋转方向与感应电动势反向。

图 2-24(a)中 M 正向受力,正向运转,产生反向电动势 E_M , $E_M < E_G$,M 处于电动状态。电能从直流发电机 G 传递给直流电动机 M。

图 2-24(b)中 M 正向受力, E_M 反向,说明电动机 M 在反向运转,此时 E_G 也反向,且 $E_M > E_G$,M 处于发电状态。电能从直流电动机 M 传递给直流发电机 G。

图 2-24(c)中 M 正向受力,反向运转,而 E_G 没有反向,则两电动势顺向串联,向电阻 R_Σ 供电,G 和 M 均输出功率。由于 R_Σ 一般都很小,因此回路电流会非常大,这种情况属于短路,在实际应用中应当避免。

2. 有源逆变的工作原理

在上述直流发电机-电动机回路中,若用整流电路代替发电机,就成了晶闸管整流装置与直流电动机负载之间进行能量交换的问题。单组晶闸管整流装置拖动起重机类型的负载时也可能出现整流和有源逆变状态。我们以卷扬机为例来说明这个过程,如图 2-25 所示。

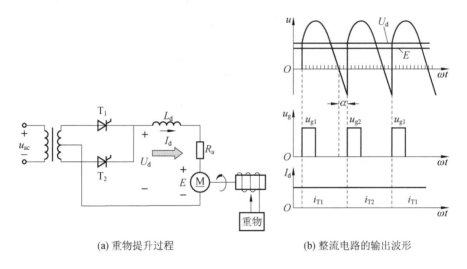

(a) 重物提升过程　　　　(b) 整流电路的输出波形

图 2-25　单相全波电路的整流工作状态及波形

1) 整流状态,提升重物

当移相控制角 α 在 0~90° 范围变化时,其整流侧输出电压 U_d 为正,且理想空载值 $U_d > E$,所以输出整流电流 I_d 使直流电动机产生电磁转矩 T_e 作电动运行,提升重物。整流器输出功率,电动机吸收功率,电流 I_d 为顺时针方向,其大小为

$$I_d = \frac{U_d - E}{R_a} \qquad (2.33)$$

此时减小控制角 α ,则 U_d 增大, I_d 瞬时值也随之增大,电动机受力增大,转速提高。随着转速升高, E 增大, I_d 随之减小,电动机进入稳定高速运行状态。反之,如果增大 α ,电动机转速减小。所以,改变晶闸管的控制角 α ,可以很方便地对电动机进行无级调速。

2) 逆变状态,放下重物

当 $\alpha = 90°$ 时, $U_d = 0$, $E = 0$,电机停转,重物悬停。

当重物放下时,带动电动机反向加速旋转,此时控制触发角使 $α > 90°$,其整流侧输出电压 U_d 为负,且 $U_d < E$,产生与整流同方向电流,因而产生与提升重物同方向的转矩,起制动作用,使重物不要下降得太快,如图 2-26 所示。此时电流仍为顺时针方向,其大小为

$$I_d = \frac{|E| - |U_d|}{R_a} \tag{2.34}$$

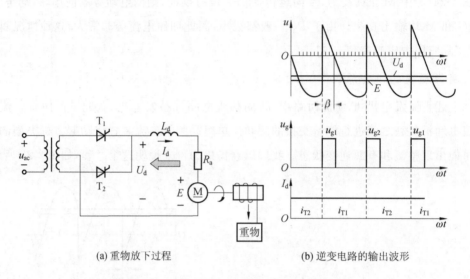

(a) 重物放下过程   (b) 逆变电路的输出波形

图 2-26   单相全波电路的整流工作状态及波形

这时直流电动机处于带位势性负载反转制动状态,成为受重物拖动的发电机,将重物的位能转化成电能,通过晶闸管装置回馈给交流电网,这就是有源逆变工作状态。

由输出电压波形可以看出,逆变时的输出电压与整流时相同,计算公式仍为

$$U_d = 0.9U_2 \cos α \tag{2.35}$$

因为此时控制角 $α > 90°$,使得计算出来的结果小于零,为了计算方便,我们令 $β = 180° - α$,称 $β$ 为逆变角,则

$$U_d = 0.9U_2 \cos α = 0.9U_2 \cos(180° - β) = -0.9U_2 \cos β \tag{2.36}$$

3) 发生短路时的应对措施

当重物放下时,由于重力对重物的作用,必将牵动电动机使之向与重物上升相反的方向转动,电动机产生的反电动势 E 的极性也将随之反相,上负下正,此时,若仍按控制角 $α < 90°$ 触发晶闸管,则输出电压 U_d 为上正下负,与 E 形成两电源顺串连接。此时电流仍为顺时针方向,大小为

$$I_d = \frac{E_M + E_G}{R_Σ} \tag{2.37}$$

这种情况与图 2-24(c)所示相同,相当于短路事故。当发生短路时需要将控制角 $α$ 调至 90°,使 $U_d = 0$,自由停车,或采用电磁抱闸断电制动。

从上面的例子可以看出,整流与有源逆变的根本区别就在于两者能量传送的方向不同。一个相控整流电路,只要满足一定条件,也可工作于有源逆变状态。

能发生有源逆变的电路必须满足如下两个条件。

（1）整流装置的直流侧必须有电压极性与晶闸管导通方向一致的直流电动势，且其值稍大于整流器直流侧的平均电压。

这种直流电动势可以是直流电动机的电枢电动势、蓄电池电动势等，它是能量回馈的源泉。

（2）整流装置必须工作在 $\alpha > 90°$ 区间，使其输出直流电压极性与整流状态时相反，才能将直流功率逆变为交流功率送至交流电网。

上述两条件必须同时具备才能实现有源逆变。为了保持逆变电流连续，逆变电路中都要串接大电感。

需要指出的是，半控桥或接有续流二极管的电路，因其整流电压 U_d 不能出现负值，也不允许直流侧出现负极性的电动势，故不能实现有源逆变。

3. 两组晶闸管装置反并联的整流和逆变

在图 2-4 所示的两组晶闸管装置反并联可逆线路中，正组和反组交替工作形成直流可逆拖动系统，具体工作过程如图 2-27 所示。

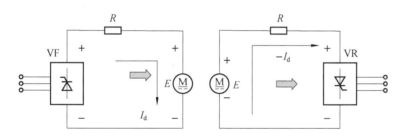

(a) 正组(VF)整流电动运行状态　　　(b) 反组(VR)逆变回馈制动状态

图 2-27　直流可逆拖动系统的运行过程

1）正组整流电动运行

如图 2-29（a）所示，正组晶闸管装置 VF 给电动机供电，$\alpha < 90°$，VF 处于整流状态，电机接收能量作电动运行，直流可逆拖动系统工作在第一象限（如图 2-28 右半轴所示）。

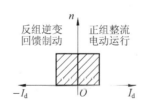

图 2-28　机械特性运行范围

2）反组逆变回馈制动

当电动机需要制动时，电动机反电动势（旋转方向）不变，必须产生反向电流（反向力矩），不可能通过 VF 实现。可利用控制电路切换到反组晶闸管装置 VR，使 $\alpha > 90°$，工作在

逆变状态,产生图 2-27(b)中所示极性的逆变电压,当 $E > |U_{dOr}|$ 时,电动机输出电能实现回馈制动,直流可逆拖动系统工作在第二象限(如图 2-28 左半轴所示)。(比较:VR 逆变时,电流反向,电动机没有反转,转速变慢了,工作在第二象限)

在可逆调速系统中,正转运行时可利用反组晶闸管实现回馈制动,反转运行时同样可以利用正组晶闸管实现回馈制动,如表 2-4 所示。

表 2-4　直流可逆拖动系统反并联可逆线路的工作状态(电动机的四象限运行特性)

v-m 系统的工作状态	正 向 运 行	正 向 制 动	反 向 运 行	反 向 制 动
电枢端电压极性	＋	＋	－	－
电枢电流极性	＋	－	－	＋
电动机旋转方向	＋	＋	－	－
电动机运行状态	电动	回馈发电	电动	回馈发电
晶闸管工作的组别和状态	正组、整流	反组、逆变	反组、整流	正组、逆变
机械特性所在象限	一	二	三	四

注:表中各量的极性均以正向电动运行时为"＋"。

两组晶闸管反并联装置能产生回馈制动,所以,即使是不可逆的调速系统,只要是需要快速的回馈制动,常常也采用两组反并联的晶闸管装置,由正组提供电动运行所需的整流供电,反组只提供逆变制动。这时,两组晶闸管装置的容量大小可以不同,反组只在短时间内给电动机提供制动电流,并不提供稳态运行的电流,实际采用的容量可以小一些。

2.8　有源逆变的典型应用

在目前市场上,有一种常用的有源逆变器,它被使用在光伏发电系统中,被称为光伏并网逆变器,如图 2-29 所示。这种逆变器将光伏组件发生光电效应(太阳能转换为电能)发出的直流电能逆变转换为交流电能后并入公共电网的专用装置,应用范围遍及大型地面光伏发电站、分布式光伏发电应用(风光互补路灯照明、家庭户用型屋顶光伏发电、光伏农电灌溉等)领域。光伏并网发电原理如图 2-30 所示。

图 2-29　光伏并网逆变器　　　　　　图 2-30　光伏并网发电原理图

光伏并网逆变器是光伏发电应用中必不可少的核心器件之一,同时也是光伏发电安全运行的核心器件。并网逆变器一般用于大型光伏发电站的系统中,很多并行的光伏组串被连到同一台集中逆变器的直流输入端,一般功率大的使用三相的 IGBT 功率模块,功率较小的使用场效应晶体管,同时使用 DSP 转换控制器来改善所产出电能的质量,使它非常接近于正弦波电流。

图 2-31 是并网逆变器主电路简图。PV 为太阳能电池,C 为滤波电容,DC/DC是升压变换器,逆变核心电路由IGBT等功率开关器件构成桥式结构,控制电路使开关元件有一定规律地连续开通或关断,使输出电压极性正负交替,将直流输入转换为交流输出供给电网,我

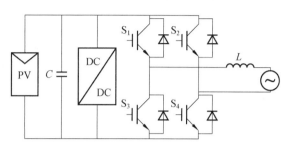

图 2-31 并网逆变器主电路简图

们称这种电路为有源逆变电路。光伏发电系统中逆变器一般使用脉冲宽度调制 PWM 方式来实现,将矩形波的交流电转换为正弦波交流电。

系统通常是两级功率结构,前级是 DC-DC 变换器(升压变换器),根据电网电压的大小来提升光伏阵列的电压以达到一个合适的水平,将光伏阵列输出的直流电压变为适用于逆变环节的直流形式,同时实现光伏电池输出最大功率点跟踪功能,使光伏模块稳定地工作在最大功率点。后级是 DC-AC 逆变环节,通常采用桥式电路结构,其输出经过电感滤波,通过工频隔离变压器产生 220 V/50 Hz 的工频交流电送入电网。

逆变环节的核心是通过电力电子开关的导通与关断,来完成逆变的功能,它需要控制回路来完成,通常采取电压外环、电流内环的双环控制模式。控制信号经过单片机或数字信号处理芯片来完成对主电路的控制。逆变环节输出和电网之间的电感起 PWM 波形的平滑电抗器的作用,用于滤除高次谐波电流,平衡逆变器和电网之间的电压差。

2.9 三相半波有源逆变电路

常用的有源逆变电路,除单相全控桥电路外,还有三相半波和三相全控桥电路等。

如图 2-32 所示,假设三相半波整流电路带电动机负载时的电流连续,当控制角 $\alpha > 90°$ 时,U_d 为负值。电动机产生的电动势 E 极性为上负下正,且满足 $|E| > |U_d|$,则电路符合有源逆变的条件,可实现有源逆变。

当电流连续时,逆变器输出直流电压 U_d(U_d 的方向仍按整流状态时的规定,从上至下为 U_d 的正方向)为

$$U_d = 1.17U_2\cos\alpha \qquad (\alpha > 90°) \tag{2.38}$$

为了计算方便,引入逆变角 β,令 $\alpha = \pi - \beta$,则式(2.38)可改写为

$$U_d = -1.17U_2\cos\beta \tag{2.39}$$

式中,U_d 为负值,即 U_d 的极性与整流状态时相反。逆变角 β 的触发脉冲位置从 $\alpha = \pi$ 的

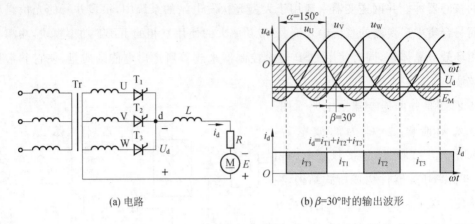

(a) 电路   (b) β=30°时的输出波形

图 2-32 三相半波有源逆变电路及其波形

时刻左移 β 角来确定。

输出直流电流平均值为

$$I_d = \frac{E - U_d}{R_\Sigma} \tag{2.40}$$

式中,R_Σ 为回路的总电阻。电流从 E 的正极流出,流入 U_d 的正端,即 E 端输出电能,经过晶闸管装置将电能送给电网。

2.10 三相全控桥有源逆变电路

图 2-33 所示为三相全控桥带电动机负载的电路,当 α<90°时,电路工作在整流状态,当 α>90°时,电路工作在逆变状态。两种状态除 α 角的范围不同外,晶闸管的控制过程是一样的,即都要求每隔 60°依次轮流触发晶闸管使其导通 120°,触发脉冲都必须是宽脉冲或双窄脉冲。

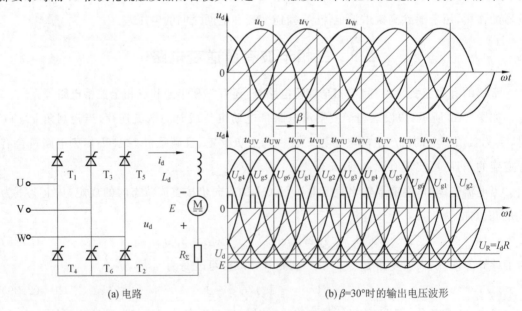

(a) 电路   (b) β=30°时的输出电压波形

图 2-33 三相全控桥式有源逆变电路及其波形

逆变时输出直流电压为

$$U_d = -2.34U_2\cos\beta \qquad\qquad (2.41)$$

或

$$U_d = -1.35U_{2l}\cos\beta \qquad\qquad (2.42)$$

式中:U_2为逆变电路输入相电压;U_{2l}为逆变电路输入线电压。

2.11 逆变失败与最小逆变角的限制

1.逆变失败的原因

逆变时,一旦换相失败,就会出现电压U_d与直流电动势E顺向串联,则直流电动势E通过晶闸管电路形成短路,由于逆变电路总电阻很小,必然形成很大的短路电流,造成事故,这种情况称为逆变失败。

下面用三相半波逆变电路为例说明逆变失败的原因。

在整流电路中已经讨论过变压器漏抗对整流电路换流的影响,同样,在有源逆变电路中也需要考虑变压器漏抗对逆变电路换流的影响。由于变压器漏抗的影响,电流换流不能瞬间完成,从而形成换相重叠角,如图2-34所示。图2-34(b)中正常换流是T_3关断后T_1导通,当逆变角大于换向重叠角($\beta > \gamma$),换相结束时,晶闸管承受反压而关断。但如果逆变角β太小,小于换相重叠角γ($\beta < \gamma$),则电路的工作状态到达u_a与u_c的交点P时,换流还没有结束。换相重叠完成后,已过了自然换相点P,此后u_c大于u_a,T_1承受反压重新关断,而应该关断的T_3却承受正压继续导通,输出u_c。这样就出现了逆变失败。

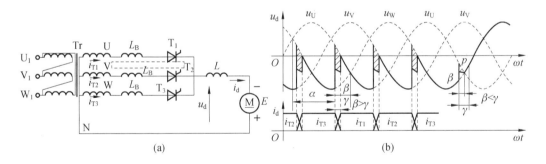

图 2-34 交流侧电抗对逆变换流的影响

除了逆变角β取值过小造成逆变失败以外,以下几种情况也会造成逆变失败。

(1)触发电路故障。如触发脉冲丢失、脉冲延时等不能适时、准确地向晶闸管分配脉冲,均会导致晶闸管不能正常换相。

(2)晶闸管故障。如晶闸管失去正常导通或阻断能力,该导通时不能导通,该阻断时不能阻断,均会导致逆变失败。

(3)逆变状态时交流电源突然缺相或消失。由于此时变流器的交流侧失去了与直流电动势E极性相反的电压,致使直流电动势经过晶闸管形成短路。

2. 最小逆变角的限制

为了防止逆变失败,应当合理选择晶闸管的参数,对其触发电路的可靠性、元件的质量以及过电流保护性能等都有比整流电路更高的要求。逆变角的最小值也应严格限制,不可过小。

逆变时允许的最小逆变角 $\beta_{\min}$ 应考虑以下几个因素。

(1)换向重叠角 γ,一般选取为 $15°\sim25°$ 电角度。

(2)晶闸管本身关断时 t_q 所对应的电角度 δ,一般为 $4°\sim5°$。

(3)安全裕量 θ。考虑到脉冲调整时不对称、电网波动等因素影响,还必须留有一个安全裕量角,一般选取 θ 为 $10°$。

这样最小逆变角 $\beta_{\min}$ 为

$$\beta_{\min} \geqslant \gamma + \delta + \theta \approx 30° \sim 35° \tag{2.43}$$

为防止 β 小于 $\beta_{\min}$,有时要在触发电路中设置保护电路,使减小 β 时,不能进入 $\beta<\beta_{\min}$ 的区域。此外还可在电路中加上安全脉冲产生装置,安全脉冲位置就设在 $\beta_{\min}$ 处,一旦工作脉冲移入 $\beta_{\min}$ 处,安全脉冲可保证在 $\beta_{\min}$ 处触发晶闸管。

实训 2.3　三相桥式有源逆变电路的构建与调试

(一)实训目的

(1)熟悉 MCLMK-14 组件。

(2)熟悉三相有源逆变电路的接线及工作原理。

(二)实训内容

三相桥式有源逆变电路。

2.3　三相桥式有源逆变电路的构建与调试

(三)实训线路及原理

实训线路如图 2-35 所示。主电路由三相全控变流电路及作为逆变直流电源的三相不控整流桥组成。触发电路为数字集成电路,可输出经高频调制后的双窄脉冲。

(四)实训设备及仪器

(1)教学实训台主控制屏。

(2)MCLMK-14 三相调压器移相触发器模块。

(3)MCLMK-09 工业晶闸管模块。

(4)MCLMK-10 二极管整流模块。

(5)DL-CX-015 三相变压器。

(6)双踪示波器。

(五)实训方法

(1)未上主电源之前,检查电源相序是否正常。

用双踪示波器,探头地线接至 N 端,一路探头接 U 相,一路接 V 相,若 U 相超前 V 相

120°,说明电源相序正确,若不然需改变输入电源的相序。

(2) 将三相电源依相接入 MCLMK-14 的 RST 端,A_1G_1、A_2G_2、A_3G_3、A_4G_4、A_5G_5、A_6G_6 对应接入 MCLMK-09 晶闸管模块的 AG 端。

(3) 检查无误后,合上主电源,调节内控调节电位器看不同逆变角时的输出波形。

(4) 内控调节角度可能不够,可拨至外控,将 DL-CX-004 低压电源上的 U_g 接至 V_I 上,用外部控制来调节逆变角度。合上主电源。调节 U_g,观察 $\alpha = 90°$、$120°$、$150°$ 时电路中 u_d、u_T 的波形,并记录相应的 U_d、U_2 数值。

(5) 电路模拟故障现象观察。在整流状态时,断开某一晶闸管元件的触发脉冲,则该元件无触发脉冲即该支路不能导通,观察并记录此时的 u_d 波形。

注:通电时将 MCLMK-14 中的 V_I 和地分别接 DL-CX-004 的 U_g 和地。移相调节用 DL-CX-004 的 R_{P1}。

(六)实训作业

(1) 画出电路的移相特性 $U_d = f(\alpha)$ 曲线。

(2) 作出整流电路的输入-输出特性图:$U_d / U_2 = f(\alpha)$。

(3) 简单分析模拟故障现象。

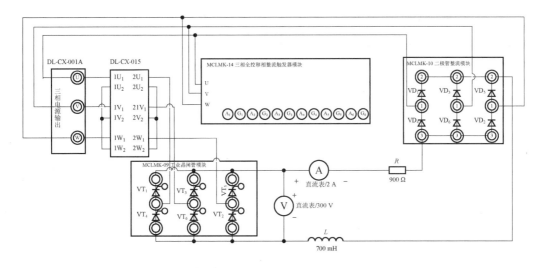

图 2-35 三相桥式有源逆变主电路

【思考题】

2.1 什么是整流?它与逆变有何区别?

2.2 带电阻性负载三相半波相控整流电路,如触发脉冲左移到自然换流点之前 15° 处,试分析电路工作情况,画出触发脉冲宽度分别为 10° 和 20° 时负载两端的电压 u_d 波形。

2.3 三相半波相控整流电路带大电感负载,$R_d = 10\ \Omega$,相电压有效值 $U_2 = 220\ \text{V}$。求 α

＝45°时负载直流电压 U_d、流过晶闸管的平均电流 I_{dT} 和有效电流 I_T，画出 u_d、i_{T2}、u_{T3} 的波形。

2.4　在图 2-36 所示电路中，当 $\alpha＝60°$时，画出下列故障情况下的 u_d 波形。

（1）熔断器 1FU 熔断。

（2）熔断器 2FU 熔断。

（3）熔断器 2FU、3FU 同时熔断。

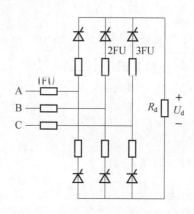

图 2-36　题 2.4 图

2.5　现有单相半波、单相桥式、三相半波三种整流电路带电阻性负载，负载电流 I_d 都是 40 A，问流过与晶闸管串联的熔断器的平均电流、有效电流各为多大？

2.6　三相全控桥式整流电路带大电感负载，负载电阻 $R_d＝4\ \Omega$，要求 U_d 在 0～220 V 之间变化。试求：

（1）不考虑控制角裕量时，整流变压器二次线电压；

（2）计算晶闸管电压、电流值，如电压、电流取 2 倍裕量，选择晶闸管型号。

2.7　三相半波相控整流电路带电动机负载并串入足够大的电抗器，相电压有效值 U_2 ＝220 V，电动机负载电流为 40 A，负载回路总电阻为 0.2 Ω，求当 $\alpha＝60°$时流过晶闸管的电流平均值与有效值、电动机的反电势。

2.8　三相全控桥电路带串联 L_d 的电动机负载，已知变压器二次电压为 100 V，变压器每相绕组折合到二次侧的漏感 L_B 为 100 μH，负载电流为 150 A，求：

（1）由于漏抗引起的换相压降；

（2）该压降所对应整流装置的等效内阻及 $\alpha＝0°$时的换相重叠角。

2.9　晶闸管装置中不采用过电压、过电流保护，选用较高电压和电流等级的晶闸管行不行？

2.10　什么是有源逆变？有源逆变的条件是什么？有源逆变有何作用？

2.11　无源逆变电路和有源逆变电路有何区别？

2.12　有源逆变最小逆变角受哪些因素限制？为什么？

项目三

开关电源的构建与调试

开关电源是一种高效率、高可靠性、小型化、轻型化的稳压电源，是电子设备的主流电源，广泛应用于生活、生产、军事等各个领域。各种计算机设备、彩色电视机等家用电器等都大量采用了开关电源。图 3-1 是常见的 PC 主机开关电源。

PC 主机开关电源的基本作用是将交流电网的电能转换为适合各个配件使用的低压直流电供给整机使用。一般有四路输出，分别是 +5 V、−5 V、+12 V、−12 V。

图 3-1　PC 主机开关电源

PC 主机开关电源电路原理框图如图 3-2 所示，输入电压为 AC220 V、50 Hz 的交流电，经过滤波，再由整流桥整流后变为 300 V 左右的高压直流电，然后通过功率开关器件的导通与截止将直流电压变成连续的脉冲，再经脉冲变压器隔离降压及输出滤波后变为低压的直流电。功率开关器件的导通与截止由 PWM（脉冲宽度调制）控制电路发出的驱动信号控制。

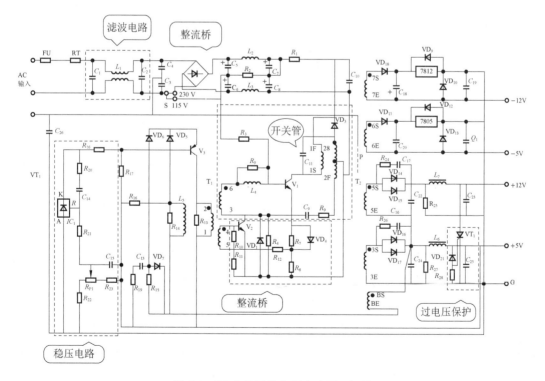

图 3-2　PC 主机开关电源电路原理框图

PWM 驱动电路在提供功率开关器件驱动信号的同时,还要实现输出电压稳定的调节、对电源负载提供保护。为此设有检测放大电路、过电流保护及过电压保护等环节,通过自动调节功率开关器件导通时间的比例(占空比)来实现。

由高压直流到低压多路直流的电路称 DC/DC 变换,是开关电源的核心技术。

本项目通过对功率开关器件、DC/DC 变换电路的分析使读者能够掌握开关电源的工作原理(见图 3-3),进而学会构建和测试开关电源。

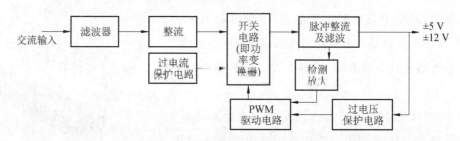

图 3-3　开关电源的原理框图

◀ 任务 1　非隔离型直流变换电路的构建与调试 ▶

功率开关器件有许多,经常使用的是场效应晶体管 MOSFET、绝缘栅双极型晶体管 IGBT,在小功率开关电源上也使用大功率晶体管 GTR,这些都属于全控型电力电子器件。下面我们逐一介绍。

3.1　大功率晶体管 GTR

1. GTR 的基本结构和工作原理

1) 基本结构

通常把集电极最大允许耗散功率在 1W 以上,或最大集电极电流在 1 A 以上的三极管称为大功率晶体管,其结构和工作原理都和小功率晶体管非常相似。由三层半导体、两个 PN 结组成,有 PNP 和 NPN 两种结构,其电流由两种载流子(电子和空穴)的运动形成,所以称为双极型晶体管。

图 3-4(a)是 NPN 型功率晶体管的内部结构,电气图形符号如图 3-4(b)所示。大多数 GTR 是用二重扩散法制成的,或者是在集电极高掺杂的 N^+ 硅衬底上用外延生长法生长一层 N 漂移层,然后在上面扩散 P 基区,接着扩散掺杂的 N^+ 发射区。

大功率晶体管通常采用共发射极接法,图 3-4(c)给出了共发射极接法时的功率晶体管内部主要载流子流动示意图。外加偏置电压 E_b、E_c 使发射结正偏,集电结反偏,基极电流 I_b 就能实现对 I_c 的控制。当 $U_{be} < 0.7\,V$ 或为负电压时,GTR 处于关断状态,I_c 为零,$U_{be} \geqslant 0.7\,V$ 时 GTR 处于开通状态,I_c 为最大值(饱和电流)。

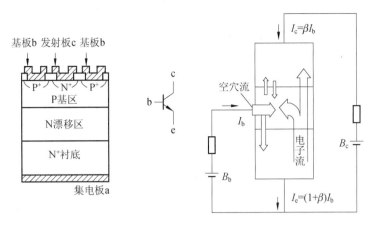

(a) GTR的结构　　(b) 电气图形符号　　(c) 内部载流子的流动

图 3-4　GTR 的结构、电气图形符号和内部载流子流动

2）工作原理

在电力电子技术中，GTR 主要工作在开关状态。

如图 3-5(a)所示，给 GTR 的基极施加幅度足够大的脉冲驱动信号，在驱动电流正偏（$I_b > 0$）时 GTR 进入导通状态，反偏（$I_b < 0$）时 GTR 处于截止高阻状态。GTR 导通时的管压降趋于零，截止时的电流趋于零，这两种状态的转换过程中，GTR 快速地通过放大区（如图 3-5(b)所示）。

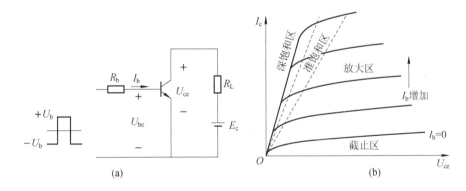

图 3-5　GTR 共射极开关电路及输出特性

2.GTR 的基本特性与主要参数

1）基本特性

（1）静态特性。

共发射极接法时，GTR 的典型输出特性如图 3-5(b)所示，可分为 3 个工作区。

截止区：在截止区内，$I_b \leq 0$，$U_{be} \leq 0$，$U_{bc} < 0$，集电极只有漏电流流过。

放大区：$I_b > 0$，$U_{be} > 0$，$U_{bc} < 0$，$I_c = \beta I_b$。

饱和区：$I_b > I_{cs}/\beta$，$U_{be} > 0$，$U_{bc} > 0$。I_{cs} 是集电极饱和电流，其值由外电路决定。两个 PN 结都为正向偏置是饱和的特征。饱和时集电极、发射极间的管压降 U_{ces} 很小，相当于开关接通,这时尽管电流很大,但损耗并不大。GTR刚进入饱和时为临界饱和,如I_b继续增加,则为过饱和。用作开关时,应工作在深度饱和状态,这有利于降低U_{ces}和减小导通时的损耗。

(2)动态特性。

动态特性描述GTR开关过程的瞬态性能,又称开关特性。GTR在实际应用中,通常工作在频繁开关状态。为正确、有效地使用GTR,应了解其开关特性。图3-6表明了GTR开关特性的基极、集电极电流波形。

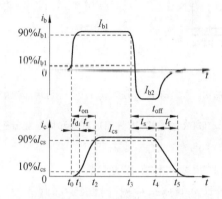

图3-6 开关过程中i_b和i_c的波形

整个工作过程分为开通过程、导通状态、关断过程、阻断状态4个不同的阶段。图3-6中开通时间t_{on}对应着GTR由截止到饱和的开通过程,关断时间t_{off}对应着GTR饱和到截止的关断过程。

GTR的开通过程是从t_0时刻起注入基极驱动电流,这时并不能立刻产生集电极电流,过一小段时间后,集电极电流开始上升,逐渐增至饱和电流值I_{cs}。把i_c达到$10\%I_{cs}$的时刻定为t_1,达到$90\%I_{cs}$的时刻定为t_2,则把t_0到t_1这段时间称为延迟时间,以t_d表示,把t_1到t_2这段时间称为上升时间,以t_r表示。

要关断GTR,通常给基极加一个负的电流脉冲。但集电极电流并不能立即减小,而要经过一段时间才能开始减小,再逐渐降为零。把i_b降为稳态值I_{b1}的90%的时刻定为t_3,i_c下降到90% I_{cs}的时刻定为t_4,下降到$10\%I_{cs}$的时刻定为t_5,则把t_3到t_4这段时间称为储存时间,以t_s表示,把t_4到t_5这段时间称为下降时间,以t_f表示。

延迟时间t_d和上升时间t_r之和是GTR从关断到导通所需要的时间,称为开通时间,以t_{on}表示,则$t_{on} = t_d + t_r$。

储存时间t_s和下降时间t_f之和是GTR从导通到关断所需要的时间,称为关断时间,以t_{off}表示,则$t_{off} = t_s + t_f$。

GTR在关断时漏电流很小,导通时饱和压降很小。因此,GTR在导通和关断状态下损耗都很小,但在关断和导通的转换过程中,电流和电压都较大,随意开关过程中损耗也较大。当开关频率较高时,开关损耗是总损耗的主要部分。因此,缩短开通和关断时间对降低损耗、提高效率和运行可靠性很有意义。

2）主要参数

（1）额定电压：集射极击穿电压 $U_{(BR)CEO}$。

GTR 上所施加的电压超过规定值时，就会发生击穿。击穿电压不仅和晶体管本身特性有关，还与外电路接法有关。

$U_{(BR)CBO}$：发射极开路时，集电极和基极间的反向击穿电压。

$U_{(BR)CEO}$：基极开路时，集电极和发射极之间的击穿电压。

其中 $U_{(BR)CER}>U_{(BR)CEO}$，实际使用时，为确保安全，最高工作电压要比 $U_{(BR)CEO}$ 低得多。

（2）额定电流：集电极最大允许电流 I_{CM}。

GTR 流过的电流过大，会使 GTR 参数劣化，性能将变得不稳定，尤其是发射极的集边效应可能导致 GTR 损坏。因此，必须规定集电极最大允许电流值。通常规定共发射极电流放大系数下降到规定值的 $1/2\sim1/3$ 时，所对应的电流 I_C 为集电极最大允许电流，以 I_{CM} 表示。实际使用时还要留有较大的安全裕量，一般只能用到 I_{CM} 值的一半或稍多些。

（3）额定功率：集电极最大耗散功率 P_{CM}。

集电极最大耗散功率是在最高工作温度下允许的耗散功率，用 P_{CM} 表示。它是 GTR 容量的重要标志。晶体管功耗的大小主要由集电极工作电压和工作电流的乘积来决定，它将转化为热能使晶体管升温，晶体管会因温度过高而损坏。实际使用时，集电极允许耗散功率和散热条件与工作环境温度有关。所以在使用中应特别注意 I_C 值不能过大，散热条件要好。

（4）最高工作结温 T_{jM}。

GTR 正常工作允许的最高结温，以 T_{jM} 表示。GTR 结温过高时，会导致热击穿而烧坏。

GTR 的主要特点是开关速度较低，耐压高。在不间断电源、交流调速装置中取代晶闸管，目前大多被 IGBT、MOSFET 取代。

3.2 功率场效应晶体管 MOSFET

功率场效应晶体管（metal oxide semiconductor field effect transistor）简称 MOSFET。与 GTR 相比，功率 MOSFET 具有开关速度快、损耗低、驱动电流小、无二次击穿现象等优点。它的缺点是电压不能太高、电流容量也不能太大，所以目前只适用于小功率电力电子变流装置，是 1 kW 以下的首选器件。

1.MOSFET 的基本结构和工作原理

1）基本结构

功率场效应晶体管是压控型器件，其门极控制信号是电压。它的三个极分别是栅极 G、源极 S、漏极 D。功率场效应晶体管有 N 沟道和 P 沟道两种。N 沟道中载流子是电子，P 沟道中载流子是空穴，都是多数载流子。其中每一类又可分为增强型和耗尽型两种。耗尽型就是当栅源间电压 $U_{GS}=0$ 时存在导电沟道，漏极电流 $I_D\neq0$；增强型就是当 $U_{GS}=0$ 时没有导电沟道，$I_D=0$，只有当 $U_{GS}>0$（N 沟道）或 $U_{GS}<0$（P 沟道）时才开始有 I_D。功率 MOS-

FET 绝大多数是 N 沟道增强型。这是因为电子作用比空穴大得多。N 沟道 MOSFET 的结构和电气图形符号如图 3-7 所示。

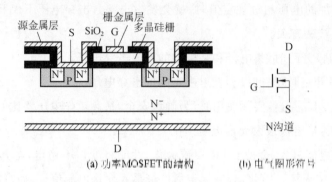

(a) 功率 MOSFET 的结构 (b) 电气图形符号

图 3-7 功率 MOSFET 的结构和电气图形符号

功率场效应晶体管与小功率场效应晶体管原理基本相同,但是为了提高电流容量和耐压能力,在芯片结构上却有很大不同。电力场效应晶体管采用小单元集成结构来提高电流容量和耐压能力,并且采用垂直导电排列来提高耐压能力。

2) 工作原理

当 D、S 加正电压(漏极为正,源极为负),$U_{GS}=0$ 时,P 体区和 N 漏区的 PN 结反偏,D、S 之间无电流通过,MOSFET 管处于截止状态。

如果在 G、S 之间加一正电压 U_{GS},由于栅极是绝缘的,所以不会有电流流过,但栅极的正电压会将其下面 P 区中的空穴推开,而将 P 区中的少数载流子电子吸引到栅极下面的 P 区表面。当 U_{GS} 大于某一电压 U_T 时,栅极下 P 区表面的电子浓度将超过空穴浓度,从而使 P 型半导体反型成 N 型半导体而成为反型层,该反型层形成 N 沟道而使 PN 结 J_1 消失,漏极和源极导电,MOSFET 管进入导通状态。

电压 U_T 称为开启电压或阈值电压,U_{GS} 超过 U_T 越多,导电能力越强,漏极电流越大。

2. MOSFET 的基本特性与主要参数

1) 基本特性

(1) 转移特性。

I_D 和 U_{GS} 的关系曲线反映了输入电压和输出电流的关系,称为 MOSFET 的转移特性,如图 3-8(a)所示。从图 3-8(a)中可知,I_D 较时,I_D 与 U_{GS} 的关系近似线性,曲线的斜率被定义为 MOSFET 的跨导,即

$$G_{fs} = \frac{dI_D}{dU_{GS}} \tag{3.1}$$

MOSFET 是电压控制型器件,其输入阻抗极高,输入电流非常小。

(2) 输出特性。

图 3-8(b)是 MOSFET 的漏极伏安特性,即输出特性。从图 3-8(b)中可以看出,MOSFET 有三个工作区。

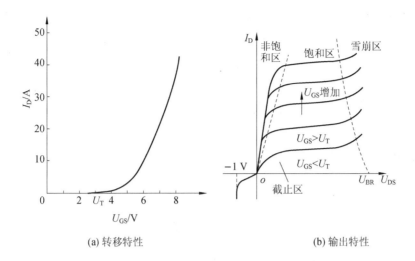

(a) 转移特性   (b) 输出特性

图 3-8 电力 MOSFET 的转移特性和输出特性

截止区：$U_{GS} \leqslant U_T$，$I_D = 0$，这和电力晶体管的截止区相对应。

饱和区：$U_{GS} > U_T$，$U_{DS} \geqslant U_{GS} - U_T$，当 U_{GS} 不变时，I_D 几乎不随 U_{DS} 的增加而增加，近似为一常数，故称饱和区。这里的饱和区并不和电力晶体管的饱和区对应，而对应于后者的放大区。当用作线性放大时，MOSFET 工作在该区。

非饱和区：$U_{GS} > U_T$，$U_{DS} < U_{GS} - U_T$，漏源电压 U_{DS} 和漏极电流 I_D 之比近似为常数。该区对应于电力晶体管的饱和区。当 MOSFET 作开关应用而导通时即工作在该区。

在制造功率 MOSFET 时，为提高跨导并减少导通电阻，在保证所需耐压的条件下，应尽量减小沟道长度。因此，每个 MOSFET 元都要做得很小，每个元能通过的电流也很小。为了能使器件通过较大的电流，每个器件由许多个 MOSFET 元组成。

（3）开关特性。

图 3-9 是用来测试 MOSFET 开关特性的电路。

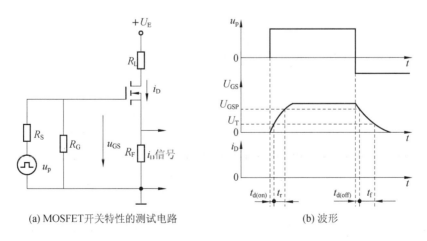

(a) MOSFET开关特性的测试电路   (b) 波形

图 3-9 功率 MOSFET 的开关过程

图 3-9(a)中 u_p 为矩形脉冲电压信号源，波形见图 3-9(b)，R_s 为信号源内阻，R_G 为栅极电

阻,R_L为漏极负载电阻,R_F用于检测漏极电流。因为 MOSFET 存在输入电容 C_{in},所以当脉冲电压 u_p 的前沿到来时,C_{in} 有充电过程,栅极电压 U_{GS} 呈指数曲线上升,如图 3-9(b)所示。当 U_{GS} 上升到开启电压 U_T 时开始出现漏极电流 i_D。从 u_p 的前沿时刻到 $u_{GS}=U_T$ 的时刻,这段时间称为开通延迟时间 $t_{d(on)}$。此后,i_D 随 U_{GS} 的上升而上升。u_{GS} 从开启电压上升到 MOSFET 进入非饱和区的栅压 U_{GPS} 这段时间称为上升时间 t_r,这时相当于电力晶体管的临界饱和,漏极电流 i_D 也达到稳态值。i_D 的稳态值由漏极电压和漏极负载电阻所决定,U_{GPS} 的大小和 i_D 的稳态值有关。u_{GS} 的值达 U_{GPS} 后,在脉冲信号源 u_p 的作用下继续升高直至到达稳态值,但 i_D 已不再变化,相当于电力晶体管处于饱和状态。MOSFET 的开通时间 t_{on} 为开通延迟时间 $t_{d(on)}$ 与上升时间 t_r 之和,即

$$t_{on} = t_{d(on)} + t_r \tag{3.2}$$

当脉冲电压 u_p 下降到零时,栅极输入电容 C_{in} 通过信号源内阻 R_s 和栅极电阻 $R_G(\geqslant R_s)$ 开始放电,栅极电压 u_{GS} 按指数曲线下降,当下降到 U_{GPS} 时,漏极电流 i_D 才开始减小,这段时间称为关断延迟时间 $t_{d(off)}$。此后,C_{in} 继续放电,u_{GS} 从 U_{GPS} 继续下降,i_D 减小,到 u_{GS} 小于 U_T 时沟道消失,i_D 下降到零。这段时间称为下降时间 t_f。关断延迟时间 $t_{d(off)}$ 和下降时间 t_f 之和称为关断时间 t_{off},即:

$$t_{off} = t_{d(off)} + t_f \tag{3.3}$$

从上面的分析可以看出,MOSFET 的开关速度和其输入电容的充放电有很大关系。使用者虽然无法降低其 C_{in} 值,但可以降低栅极驱动回路信号源内阻 R_s 的值,从而减小栅极回路的充放电时间常数,加快开关速度。MOSFET 的工作频率可达 100 kHz 以上。

MOSFET 是场控型器件,在静态时几乎不需要输入电流。但是在开关过程中需要对输入电容充放电,仍需要一定的驱动功率。驱动电压越高,导通速度越快。开关频率越高,所需要的驱动功率越大。

2)主要参数

(1)漏极电压 U_{DS}:它就是 MOSFET 的额定电压,选用时必须留有较大安全裕量。

(2)漏极最大允许电流 I_{DM}:它就是 MOSFET 的额定电流,其大小主要受管子的温升限制。

(3)栅源电压 U_{GS}:栅极与源极之间的绝缘层很薄,承受电压很低,一般不得超过 20 V,否则绝缘层可能被击穿而损坏,使用中应加以注意。

总之,为了安全可靠,在选用 MOSFET 时,对电压、电流的额定等级都应留有较大裕量。

3.3　绝缘栅双极型晶体管 IGBT

绝缘门极晶体管 IGBT(insulated gate bipolar transistor)也称绝缘栅双极型晶体管,是一种新发展起来的复合型电力电子器件。由于它结合了 MOSFET 和 GTR 的特点,既具有输入阻抗高、速度快、热稳定性好和驱动电路简单的优点,又具有输入通态电压低、耐压高和

承受电流大的优点,这些都使 IGBT 比 GTR 有更大的吸引力。在变频器驱动电机、中频和开关电源以及要求快速、低损耗的领域,IGBT 占据着主导地位,目前是 1 kW～10 kW 的首选器件。

1. IGBT 的基本结构和工作原理

1) 基本结构

IGBT 也是三端器件,它的三个极为漏极(D)、栅极(G)和源极(S)。有时也将 IGBT 的漏极称为集电极(C),源极称为发射极(E)。图 3-10(a)是一种由 N 沟道功率 MOSFET 与晶体管复合而成的 IGBT 的基本结构。与图 3-7 对照可以看出,IGBT 比功率 MOSFET 多一层 P$^+$ 注入区,因而形成了一个大面积的 P$^+$N$^+$ 结 J$_1$,这样使得 IGBT 导通时由 P$^+$ 注入区向 N 基区发射少数载流子,从而对漂移区电导率进行调制,使得 IGBT 具有很强的通流能力。其简化等效电路如图 3-10(b)所示。可见,IGBT 是以 GTR 为主导器件,MOSFET 为驱动器件的复合管,图 3-10(b)中 R_N 为晶体管基区内的调制电阻。图 3-10(c)为 IGBT 的电气图形符号。

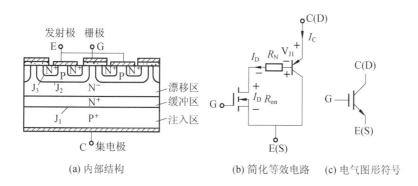

(a) 内部结构   (b) 简化等效电路   (c) 电气图形符号

图 3-10 IGBT 的结构、简化等效电路和电气图形符号

2) 工作原理

IGBT 的驱动原理与电力 MOSFET 基本相同,它是一种压控型器件。其开通和关断是由栅极和发射极间的电压 U_{GE} 决定的,当 U_{GE} 为正且大于开启电压 $U_{GE(th)}$ 时,MOSFET 内形成沟道,并为晶体管提供基极电流使其导通。当栅极与发射极之间加反向电压或不加电压时,MOSFET 内的沟道消失,晶体管无基极电流,IGBT 关断。

上面介绍的 PNP 晶体管与 N 沟道 MOSFET 组合而成的 IGBT 称为 N 沟道 IGBT,记为 N-IGBT,其电气图形符号如图 3-10(c)所示。对应的还有 P 沟道 IGBT,记为 P-IGBT。N-IGBT 和 P-IGBT 统称为 IGBT。由于实际应用中以 N 沟道 IGBT 为多,因此下面仍以 N 沟道 IGBT 为例进行介绍。

2. IGBT 的基本特性与主要参数

1) IGBT 的基本特性

(1) 静态特性。

与功率 MOSFET 相似,IGBT 的转移特性和输出特性分别描述器件的控制能力和工作状态。图 3-11(a)为 IGBT 的转移特性,它描述的是集电极电流 I_C 与栅射电压 U_{GE} 之间的关系,与功率 MOSFET 的转移特性相似。开启电压 $U_{GE(th)}$ 是 IGBT 能实现电导调制而导通的最低栅射电压。$U_{GE(th)}$ 随温度升高而略有下降,温度升高 1℃,其值下降 5 mV 左右。在 +25℃时,$U_{GE(th)}$ 的值一般为 3~6 V。

图 3-11(b)为 IGBT 的输出特性,也称伏安特性,它描述的是以栅射电压为参考变量时,集电极电流 I_C 与集射极间电压 U_{CE} 之间的关系。此特性与 GTR 的输出特性相似,不同的是参考变量,IGBT 为栅射电压 U_{GE},GTR 为基极电流 I_B。IGBT 的输出特性也分为 3 个区域:正向阻断区、有源区和饱和区。这分别与 GTR 的截止区、放大区和饱和区相对应。此外,当 $u_{CE}<0$,IGBT 为反向阻断工作状态。在电力电子电路中,IGBT 工作在开关状态,因而是在正向阻断区和饱和区之间来回转换。

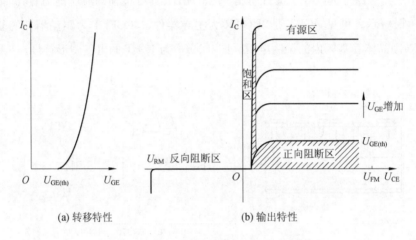

(a) 转移特性 (b) 输出特性

图 3-11 IGBT 的转移特性和输出特性

(2)动态特性。

图 3-12 给出了 IGBT 开关过程的波形图。

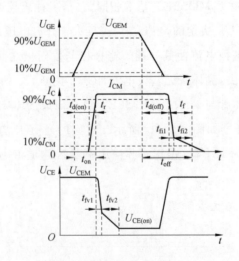

图 3-12 IGBT 开关过程的波形图

IGBT 的开通过程与功率 MOSFET 的开通过程很相似,这是因为 IGBT 在开通过程中大部分时间是作为 MOSFET 来运行的。从驱动电压 u_{GE} 的前沿上升至其幅值的 10% 的时刻起,到集电极电流 I_C 上升至其幅值的 10% 的时刻止,这段时间称为开通延迟时间 $t_{d(on)}$。而 I_C 从 $10\%I_{CM}$ 上升至 $90\%I_{CM}$ 所需要的时间为电流上升时间 t_r。同样,开通时间 t_{on} 为开通延迟时间 $t_{d(on)}$ 与上升时间 t_r 之和。开通时,集射电压 u_{CE} 的下降过程分为 t_{fv1} 和 t_{fv2} 两段。前者为 IGBT 中 MOSFET 单独工作的电压下降过程;后者为 MOSFET 和 PNP 晶体管同时工作的电压下降过程。由于 u_{CE} 下降时 IGBT 中 MOSFET 的栅漏电容增加,而且 IGBT 中的 PNP 晶体管由放大状态转入饱和状态也需要一个过程,因此 t_{fv2} 段电压下降过程变缓。只有在 t_{fv2} 段结束时,IGBT 才完全进入饱和状态。

IGBT 关断时,从驱动电压 u_{GE} 的脉冲后沿下降到其幅值的 90% 的时刻起,到集电极电流下降至 $90\%I_{CM}$ 止,这段时间称为关断延迟时间 $t_{d(off)}$。集电极电流从 $90\%I_{CM}$ 下降至 $10\%I_{CM}$ 的这段时间为电流下降时间。两者之和为关断时间 t_{off}。电流下降时间可分为 t_{fi1} 和 t_{fi2} 两段。其中 t_{fi1} 对应 IGBT 内部的 MOSFET 的关断过程,这段时间集电极电流 I_C 下降较快;t_{fi2} 对应 IGBT 内部的 PNP 晶体管的关断过程,这段时间内 MOSFET 已经关断,IGBT 又无反向电压,所以 N 基区中剩余载流子复合缓慢,造成 I_C 下降较慢。由于此时集射电压已经建立,因此较长的电流下降时间会产生较大的关断损耗。为解决这一问题,可以与 GTR 一样通过减轻饱和程度来缩短电流下降时间。

可以看出,IGBT 中双极型 PNP 晶体管的存在,虽然带来了电导调制效应的好处,但也引入了少数载流子储存现象,因而 IGBT 的开关速度要低于功率 MOSFET。

2）主要参数

（1）集电极-发射极额定电压 U_{CEM}：IGBT 在关断状态时集电极和发射极之间能承受的最高电压。与 VDMOS 管和 GTR 相比,IGBT 的耐压可以做到更高,最大允许电压可达 4500 V 以上。

（2）栅极-发射极额定电压 U_{GEM}：IGBT 是电压控制器件,靠加到栅极的电压信号控制 IGBT 的导通和关断,而 U_{GEM} 就是栅极控制信号的电压额定值。目前,IGBT 的 U_{GEM} 值大部分为 +20 V,使用中不能超过该值。

（3）最大集电极电流 I_{CM}。

IGBT 的 U_{GE} 控制集电极电流 I_C 的大小,I_C 增大到一定值时,可使器件发生擎住效应,造成器件损坏。为此,必须规定集电极电流最大值 I_{CM}。

（4）最大集电极功耗 P_{CM}：正常工作温度下允许的最大功耗。

3．IGBT 的擎住效应和安全工作区

从图 3-10(a) 所示 IGBT 的结构可以发现,在 IGBT 内部寄生着一个 $N^- PN^+$ 晶体管和作为主开关器件的 $P^+ N^- P$ 晶体管组成的寄生晶体管。其中 NPN 晶体管基极与发射极之间存在体区短路电阻,P 形体区的横向空穴电流会在该电阻上产生压降,相当于对 J_3 结施加正偏压,在额定集电极电流范围内,这个偏压很小,不足以使 J_3 开通,然而一旦 J_3 开通,栅极就会失去对集电极电流的控制作用,导致集电极电流增大,造成器件功耗过高而损坏。这种电流失控的现象,就像普通晶闸管被触发以后,即使撤销触发信号晶闸管仍然因进入正反馈过程而维持导通的机理一样,因此被称为擎住效应或自锁效应。引发擎住效应的原因,可能是集电极电流过大(静态擎住效应),也可能是最大允许电压上升率 du_{CE}/dt 过大(动态擎住效应),温度升高也会加重发生擎住效应的危险。

动态擎住效应比静态擎住效应所允许的集电极电流小,因此所允许的最大集电极电流实际上是根据动态擎住效应而确定的。

根据最大集电极电流、最大集电极间电压和最大集电极功耗可以确定 IGBT 在导通工作状态的参数极限范围,即正向偏置安全工作电压(FBSOA);根据最大集电极电流、最大集射极间电压和最大允许电压上升率可以确定 IGBT 在阻断工作状态下的参数极限范围,即反向偏置安全工作电压(RBSOA)。

擎住效应曾经是限制 IGBT 电流容量进一步提高的主要因素之一,但经过多年的努力,自 20 世纪 90 年代中后期开始,这个问题已得到了极大的改善,促进了 IGBT 研究和制造水平的迅速提高。

此外,为满足实际电路中的要求,IGBT 往往与反并联的快速二极管封装在一起制成模块,成为逆导器件,选用时应加以注意。

实训 3.1 GTR、MOSFET、IGBT 的测试

(一)实训目的
掌握 GTR、MOSFET、IGBT 的测试方法。

(二)实训内容
(1) GTR 的引脚测试。
(2) MOSFET 的引脚测试。

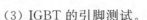

3.1 GTR、MOSFET、IGBT 的测试

(3) IGBT 的引脚测试。

(三)实训设备和仪器
(1) NMCL-07C-ZBS 模块。
(2) 万用表。

(四)实训步骤

1.GTR 的引脚测试

实训中所用 GTR 正面从左到右依次为 B、C、E,如图 3-13 所示。仅当红表笔接 B 极,黑表笔分别接 C 极和 E 极时,电阻呈低阻值,除此之外其他两端导通值都为无穷大。若测得 C、E 两端电阻值为无穷大,说明 GTR 已断路损坏;

图 3-13　GTR 引脚排列

若其他两端能测出电阻值,说明 GTR 已短路击穿损坏。

2. MOSFET 的引脚测试

实训中所用 MOSFET 正面从左到右依次为 G、D、S,如图 3-14 所示。S 极与 D 极间有正向导通值,因为内部有保护二极管的存在,除此之外其他两端导通值都为无穷大。若测得 S、D 两端电阻值为无穷大,说明 MOSFET 已断路损坏;若其他两端能测出电阻值,说明 MOSFET 已短路击穿损坏。

3. IGBT 的引脚测试

如图 3-15 所示,实训中所用 IGBT 正面从左到右依次为 G、C、E。E 极与 C 极间有正向导通值,因为内部有保护二极管

图 3-14　MOSFET 引脚排列

的存在,除此之外其他两端导通值都为无穷大。若测得 E、C 两端电阻值为无穷大,说明 IG-BT 已断路损坏;若其他两端能测出电阻值,说明 IGBT 已短路击穿损坏。

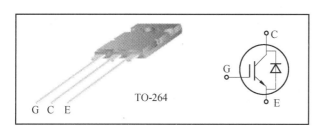

图 3-15　IGBT 引脚排列与内部结构

3.4　非隔离型直流变换电路

开关电源的核心技术是 DC/DC 变换电路。DC/DC 变换电路广泛应用于开关电源、无轨电车、地铁列车、蓄电池供电的机车车辆的无级变速以及 20 世纪 80 年代兴起的电动汽车的调速及控制。

按直流变换时是否使用变压器隔离可将 DC/DC 变换电路分为非隔离型直流变换电路和隔离型直流变换电路。非隔离型直流变换电路的特点是输入和输出端之间没有隔离。利用功率开关器件高速周期性的开通和关断,将直流电能变换成高频的脉冲列,然后通过滤波电路变成满足负载要求的直流电能。隔离型直流变换电路的特点是直流输入端和直流输出端之间加入脉冲变压器,实现输入与输出之间的隔离。

非隔离型直流变换电路根据输入/输出电压关系可以分为降压变换电路、升压变换电路和升降压变换电路。其中降压式和升压式变换电路是基本形式,升降压式是它们的组合。

3.4.1　直流变换电路的工作原理

最基本的直流变换电路如图 3-16(a)所示,负载为纯电阻 R。当开关 T 闭合时,负载电

压 $u_o = E$，并持续时间 t_{on}；当开关 T 断开时，负载上电压 $u_o = 0$ V，并持续时间 t_{off}。则 $T_S = t_{on} + t_{off}$ 为变换电路的工作周期，变换电路的输出电压波形如图 3-16(b)所示。

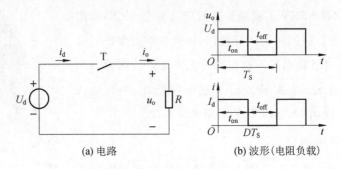

(a) 电路　　　　　　　　(b) 波形（电阻负载）

图 3-16　基本变换电路及其波形

若定义变换器的占空比

$$D = \frac{t_{on}}{T_S} \tag{3.4}$$

则由图 3-16(b)可得输出电压的平均值为

$$U_o = \frac{1}{T_S} \int_0^{T_S} u_d \, dt = \frac{t_{on}}{T_S} U_d = D U_d \tag{3.5}$$

因为 D 是 0～1 之间变化的系数，因此在 D 的变化范围内输出电压 U_o 总是小于输入电压 U_d，只要调节 D，即可调节负载的平均电压。占空比 D 的改变可通过改变 t_{on} 或 T_S 来实现。

若认为开关 T 无损耗，则输入功率为

$$P = \frac{1}{T_S} \int_0^{DT_S} u_o i_o \, dt = D \frac{U_d^2}{R} \tag{3.6}$$

式中：U_d 为输入直流电压。

通常直流变换电路有占空比控制和幅度控制两大类。

1. 占空比控制方式

（1）脉冲宽度控制（PWM）——维持 T_S 不变，改变 t_{on}。因为改变开关导通时间 t_{on} 就是改变开关控制电压的脉冲宽度，因此又称脉冲宽度调制（PWM）控制。

PWM 控制方式的优点是采用了固定的开关频率，因此设计滤波电路时简单方便。缺点是受功率开关器件最小导通时间的限制，对输出电压不能做宽范围的调节。此外，为防止空载时输出电压升高，输出端一般要接假负载（预负载）。

（2）脉冲频率控制（PFM）——维持 t_{on} 不变，改变 T_S。在开关控制电压的脉冲宽度（即 t_{on}）不变的情况下，通过改变开关工作频率（改变单位时间的脉冲数，即改变 T_S）而达到控制输出电压 U_o 大小的一种方式，又称脉冲频率调制（PFM）控制。

在这种调压方式中，由于输出电压波形的周期是变化的，因此输出谐波的频率也是变化的，这使得滤波器的设计比较困难，输出谐波干扰严重，一般很少采用。

2.幅度控制方式

通过改变开关的输入电压 U_d 的幅值而控制输出电压 U_o 的大小，但要配以滑动调节器。目前，集成开关电源大多采用 PWM 控制方式。

3.4.2 降压变换电路(buck chopper)

1.电路结构

降压变换电路是一种输出电压的平均值低于输入直流电压的电路。它主要用于直流稳压电源和直流电动机的调速。降压变换电路的原理图及工作波形如图 3-17 所示。图 3-17 中，U 为固定电压的直流电源，T 为晶体管开关(可以是大功率晶体管，也可以是功率场效应晶体管)，L、C 为滤波器件，R 为负载。

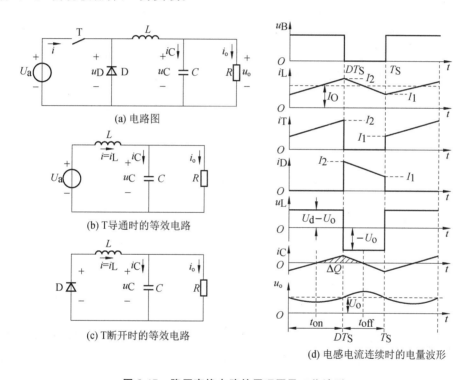

图 3-17 降压变换电路的原理图及工作波形

2.工作原理

T 导通(t_{on})期间，等效电路如图 3-17(b)所示。电源 U_d 向负载供电，忽略 T 的导通压降，负载电压 $U_o=U$，负载电流按指数规律上升。

T 关断(t_{off})期间，等效电路如图 3-17(c)所示。因感性负载电流不能突变，负载电流通过续流二极管 D 续流，忽略 D 导通压降，负载电压 $U_o=0$ V，负载电流按指数规律下降。为使负载电流连续且脉动小，一般需串联较大的电感 L，L 也称为平波电感。

当电路进入稳定工作状态时，负载电流在一个周期内的起点值和终点值相等。

由前面的分析可知,这个电路的输出电压平均值为

$$U_o = \frac{1}{T_S}\int_0^{T_S} u_o(t)\,\mathrm{d}t = \frac{1}{T_S}\left(\int_0^{t_{on}} u_d \cdot \mathrm{d}t + \int_{t_{on}}^{T_S} 0 \cdot \mathrm{d}t\right) = \frac{t_{on}}{T_S}U_d = DU_d \qquad (3.7)$$

由于 $D<1$,所以 $U_o<U_d$,即变换器输出电压平均值小于输入电压,故称为降压变换电路。而负载平均电流为

$$I_o = \frac{U_d}{U_o}I_d = \frac{1}{D}I_d \qquad (3.8)$$

3. 电流连续情况分析

当平波电感 L 较小时,在 T 关断后,未到 t_2 时刻,负载电流已下降到零,负载电流发生断续。负载电流波形如图 3-18 所示。

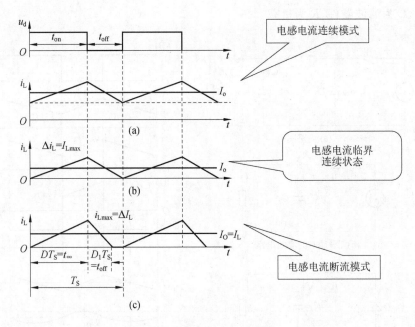

图 3-18　电感电流波形图

若负载为直流电动机,当负载电流断续时,负载电压 u_o 等于直流电动机的反电动势 E_M,这样负载平均电压 U_o 将被抬高,电动机特性变软,这是我们所不希望的。所以在选择平波电感 L 时,要确保电流连续。

电感电流 i_L 临界连续状态分析:

电路工作在临界连续状态时,即有 $I_1=0$,由

$$I_1 = I_o - \frac{U_d T_S}{2L}D(1-D) \qquad (3.9)$$

可得维持电流临界连续的电感值 L_o 为

$$L_o = \frac{U_d T_S}{2I_{0K}}D(1-D) \qquad (3.10)$$

即电感电流临界连续时的负载电流平均值为

$$I_{oK} = \frac{U_d T_s}{2L_o} D(1-D) \tag{3.11}$$

式中：I_{oK} 为电感电流临界连续时的负载电流平均值。

显然，临界负载电流 I_{oK} 与输入电压 U_d、电感 L、开关频率 f 以及开关管 T 的占空比 D 都有关。开关频率 f 越大，电感 L 越大，临界负载电流 I_{oK} 越小，越容易实现电流连续。

当实际负载电流 $I_o > I_{oK}$ 时，电感电流连续；当实际负载电流 $I_o = I_{oK}$ 时，电感电流处于临界连续；当实际负载电流 $I_o < I_{oK}$ 时，电感电流断流。

4. 输出纹波电压

在 Buck 电路中，如果滤波电容 C 的容量足够大，则输出电压 U_o 为常数。然而在电容 C 为有限值的情况下，直流输出电压将会有纹波成分。如图 3-17(d)所示，假设 i_L 中的所有纹波分量都流过电容 C，当 $i_L < I_o$ 时，C 对负载放电；当 $i_L > I_o$ 时，C 被充电。一个周期内电容 C 充放电平衡，则电容充电或放电的电荷量 ΔQ 可用波形图中的阴影面积来表示，为

$$\Delta Q = \frac{1}{2}\left(\frac{DT_s}{2} + \frac{T_s - DT_s}{2}\right)\frac{\Delta I_L}{2} = \frac{T_s}{8}\Delta I_L \tag{3.12}$$

电流连续时的纹波电压的峰-峰值为

$$\Delta U_o = \frac{\Delta Q}{C} = \frac{U_o(U_d - U_o)}{8LCf^2 U_d} = \frac{U_d D(1-D)}{8LCf^2} = \frac{U_o(1-D)}{8LCf^2} \tag{3.13}$$

电流连续时的输出电压纹波为

$$\frac{\Delta U_o}{U_o} = \frac{(1-D)}{8LCf^2} = \frac{\pi^2}{2}(1-D)\left(\frac{f_C}{f}\right)^2 \tag{3.14}$$

其中 $f = \frac{1}{T_s}$ 为 Buck 电路的开关频率，$f_C = \frac{1}{2\pi\sqrt{LC}}$ 为电路的截止频率。

它表明通过选择合适的 L、C 值，当满足 $f_C \ll f$ 时，可以限制输出纹波电压的大小，而且纹波电压的大小与负载无关。

例 3-1 降压变换电路中 $U_d = (27 \pm 10\%)$V，$U_o = 15$ V，$P_{omax} = 120$ W，$P_{omin} = 10$ W，$f = 30$ kHz，求：(1) D 的取值范围；(2) 电流临界连续时的电感值 L_o；(3) 当 $\Delta U_o = 100$ mV 时，滤波电容 C 的值。

解 (1) 由公式 $U_o = DU_d$，求 D 的取值范围。

因为　　$U_{imax} = (27 + 27 \times 10\%)$V = 29.7V，$U_{imin} = (27 - 27 \times 10\%)$V = 24.3V

故　　　$D_{min} = \frac{U_o}{U_{imax}} = \frac{15}{29.7} \approx 0.505$，$D_{max} = \frac{U_o}{U_{imin}} = \frac{15}{24.3} \approx 0.617$

(2) 当输出功率最小时，占空比 D 最小，电路为临界连续状态，此时公式(3.10)中的电感、电流均为临界连续值。则电流临界连续时的电感值 L_o 为

$$L_o = \frac{U_d T_s}{2I_{oK}} D(1-D) = \frac{U_o^2}{2fP_o}(1-D)$$

$$= \frac{15^2}{2 \times 10 \times 30 \times 10^3} \times (1 - 0.505)\,\text{H}$$

$$\approx 0.186 \text{ mH}$$

(3) 由公式(3.13),取临界连续时的相关参数可求出滤波电容 C 的值。

$$\Delta U_{\circ} = \frac{U_{\circ}(1-D)}{8LCf^2} = \frac{15 \times (1-0.505)}{8 \times 0.186 \times 10^{-3} \times 100 \times 10^{-3} \times (30 \times 10^3)^2}\,\text{F}$$

$$= 55.44 \text{ μF}$$

实训 3.2　降压式(Buck)直流变换电路的构建与调试

(一)实训目的

(1) 熟悉降压变换电路的工作原理及波形。

(2) 了解 PWM 控制与驱动电路的原理及其常用的集成芯片。

(3) 掌握 Buck 变换器的调试方法及测量工作波形图。

3.2　降压变换
电路的构
建与调试

(二)实训内容

(1) SG3525 芯片的调试。

(2) 调节占空比,测出电感电流 I_{R2} 处于连续与不连续临界状态时的占空比 D,并与理论值相比较。

(3) 将电感 L 增大一倍或减小一半,测出 I_{R2} 处于连续与不连续临界状态时的占空比 D,并与理论值相比较。

(三)实训设备及仪器

(1) 教学实训台主控制屏。

(2) MCLMK-54A-01 BUCK 主电路。

(3) MCLMK-54A-02 BUCK 控制电路。

(4) 组件 MCL-50A 及 DLDZ-09。

(5) 导线若干。

(6) 双踪示波器及万用表(自备)。

(四)实训线路及原理

1. Buck 控制与驱动电路

如图 3-19 所示,控制电路以 SG3525 为核心构成,SG3525 为美国 Silicon General 公司生产的专用 PWM 控制集成电路,它采用恒频脉宽调制控制方案,内部包含有精密基准源、锯齿波振荡器、误差放大器、比较器、分频器和保护电路等。调节 U_{r} 的大小,在 A、B 两端可输出两个幅度相等、频率相等、相位不同、占空比可调的矩形波(即 PWM 信号)。它适用于各开关电源、直流变换器的控制。详细的工作原理与性能指标可参阅相关的资料。在实训时,将 MCL-50A 组件中的两路恒定电源 15 V 分别接入控制电路的 U_{C1} 和 U_{C2},可调电源调至 20 V 左右接入主电路的 U_i 端,合上船形开关,观察控制电路的 5 端,可看到一个锯齿波,调节 R_{W2},观察锯齿波频率的变化情况,观察 11 端和 14 端,可以看到两个互补的方波信号,调节 R_{W1} 观察占空比的变化。分别比较开环闭环两种情况,看有什么区别。

注:示波器用 1× 挡观测。

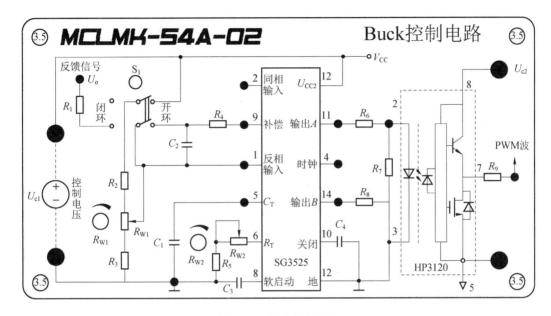

图 3-19 Buck 控制电路

2. Buck 主电路

降压变换电路(buck chopper)的主电路如图 3-20 所示。图 3-20 中 T 为全控型器件 MOSFET。VD 为续流二极管。当 T 处于通态时,电源 U_i 向负载供电,$U_{VD}=U_i$。当 T 处于断态时,负载电流经二极管 VD 续流,电压 U_D 近似为零,至一个周期 T 结束,再驱动 T 导通,重复上一周期的过程。负载电压的平均值为:

$$U_o = \frac{t_{on}}{t_{on}+t_{off}}U_i = \frac{t_{on}}{T}U_i = DU_i$$

式中:t_{on} 为 T 处于通态的时间,t_{off} 为 T 处于断态的时间,T 为开关周期,D 为导通占空比,简称占空比或导通比($D=t_{on}/T$)。由此可知,输出到负载的电压平均值 U_o 最大为 U_i,若减小占空比 D,则 U_o 随之减小,由于输出电压低于输入电压,故称该电路为降压变换电路。

实训过程中可通过观察 R_2 两端的波形来检测电流的断续情况,改变不同的电感量对比有什么不同。

(五)实训方法

1. SG3525 性能测试

将 MCLMK-54A-02 控制电路模块的 U_{c1} 与 U_{c2} 分别接入两组 +15 V 电源(位于下组件 MCL-50A),钮子开关拨至开环位置,占空比 R_{W1} 电位器与频率 R_{W2} 电位器分别逆时针调到

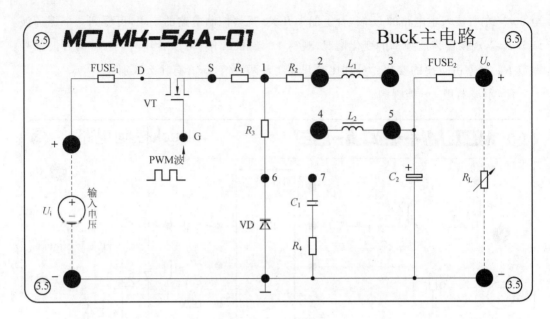

图 3-20 Buck 主电路

注:实训时驱动电路与主电路用 10P 的扁平带连接起来。

底,开启模块电源,用示波器 CH1 通道(以 GND₁ 为地)分别测量"2"、"9"、"1"、"5"、"7"、"11"、"4"、"14"及 U_2 接线柱的电压及波形(主要测 5:锯齿波;11:方波;14:方波),用示波器 CH1 通道(以 GND₂ 为地)测量 PWM 隔离输出波形,调节 R_{W1} 电位器,观测 PWM 波形占空比变化范围并记录,调节 R_{W2} 电位器,观测 PWM 波形频率变化范围并记录(11 和 14 是互补 180°的方波,但不能用双踪示波器同时观察到)。

2. 降压式(Buck)变换电路性能测试

1) 连接电路

SG3525 性能测试后,关闭电源,用 10P 扁平带连接 MCLMK-54A-02 控制电路模块与 MCLMK-54A-01 主电路模块,另外将 MCLMK-54A-01 主电路模块的 U_i 接入 0~30 V(取 15~20 V 合适)可调直流电源(位于下组件 MCL-50A),用导线短接主电路的"2"与"4"或"3"与"5",最后 U_o 接入电阻负载(位于 DLDZ-09)并串入直流电流表测量输出电流(负载用两个 900 Ω 电阻并联,共 450 Ω。目的:并联分流)。

2) 观测主电路各点波形及占空比变化(通过钮子开关切换开环与闭环控制)

开启两个模块供电电源,U_i 输入 15 V,调节 R_{W1},改变 PWM 波占空比,观测负载电压变化 U_o,调节负载电阻,使输出电流为 1 A 左右,用示波器分别观察主电路的 R_1、R_2、R_3 两端的电流波形 i_{R1}、i_{R2}、i_{R3} 及 U_{DS}(夹子夹 S,探头接 U_i 的正极)电压波形并记录,改变电路中的电感值及 PWM 波占空比,观测电感中电流连续与断续的各点波形。接入吸收电路(由 C_4、R_4 组成),用导线短接主电路"6"与"7",观察电路中波形变化并记录(现象:直流波波动消失,波形很平滑)。

3）说明

（1）MCLMK-54A-02 控制电路模块中示波器夹子夹 GND_1 时，观察 5、11、14；示波器夹子夹 GND_2 时，观察 PWM，调 R_{W1} 时改变占空比。

（2）连接 MCLMK-54A-02 与 MCLMK-54A-01 的扁平带使 PWM 接 G，GND_2 接 S。

（3）MCLMK-54A-01 主电路模块中夹子夹 S，观察 G 与 2 相同；夹子夹 U_o 的负极，观察接 450 Ω 后的正极。

（4）i_{R1}、i_{R2}、i_{R3} 电流波形的观察方法。

直接用示波器探头与夹子分别接 S、1（测 i_{R1}），1、2（测 i_{R2}），1、6（测 i_{R3}）上的孔（因为 R_1、R_2、R_3 阻值很小，电压相当于电流）。

（5）i_{R1}、i_{R2}、i_{R3} 电流波形的形状。

波形是下滑的曲线，因为 PWM 有脉冲时，在电感回路中有电流充放电。调 RW1 使占空比为 1 时，波形为直流。

(六)思考

在实训过程中，如何用双踪示波器同时观察直流变换输出电压 U_o 波形和电流 I_o 波形？

3.4.3 升压变换电路（boost chopper）

1.电路结构

升压变换电路的输出电压总是高于输入电压。升压式变换电路与降压式变换电路最大的不同点是变换控制开关 T 与负载呈并联形式连接，储能电感与负载呈串联形式连接，升压变换电路的原理图及工作波形如图 3-21 所示。

2.工作原理

T 导通（t_{on}）期间，等效电路如图 3-21(b)所示。二极管 D 反偏截止，电感 L 储能，电容 C 给负载 R 提供能量。

T 关断（t_{off}）期间，等效电路如图 3-21(c)所示。二极管 D 导通，电感 L 经二极管 D 给电容 C 充电，并向 R 提供能量。

如果忽略损耗和开关器件上的电压降，则有

$$U_o = \frac{t_{on} + t_{off}}{t_{off}} U_d = \frac{U_d}{1-D} \tag{3.15}$$

上式中占空比 $D = t_{on}/T_s$，当 $D=0$ 时，$U_o = U_d$，但 D 不能为 1，因此在 $0 \leqslant D < 1$ 的变化范围内 $U_o \geqslant U_d$，调节 D 的大小，即可改变输出电压 U_o 的大小。

3.电流连续情况分析

在理想状态下，电路的输出功率等于输入功率，参考降压变换电路的计算方法，可得电感电流临界连续时的负载电流平均值为

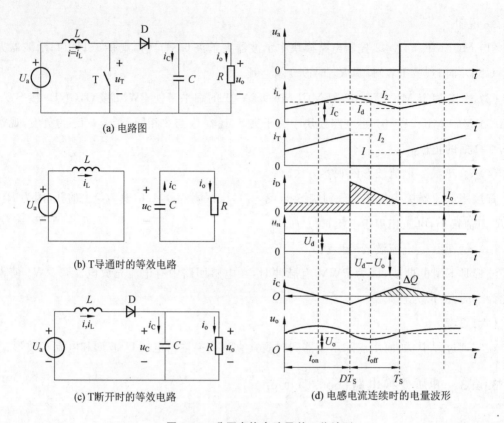

图 3-21　升压变换电路及其工作波形

$$I_{oK} = \frac{DT_S}{2L_o}U_d \tag{3.16}$$

当实际负载电流 $I_o > I_{oK}$ 时,电感电流连续;当实际负载电流 $I_o = I_{oK}$ 时,电感电流处于临界连续;当实际负载电流 $I_o < I_{oK}$ 时,电感电流断流。

4. 输出纹波电压

在 Boost 电路中,当电流连续时流过二极管 D 的电流是流过电容 C 和负载电阻 R 的电流之和。假设二极管电流 i_D 中所有纹波分量流过电容 C,平均电流流过负载电阻 R。一个周期内电容 C 充放电平衡,则如图 3-21(d)所示 i_D 波形中的阴影面积可用来表示电容充电或放电的电荷量 ΔQ,与此对应的纹波电压的峰-峰值为

$$\Delta U_o = \frac{\Delta Q}{C} = \frac{1}{C}\int_0^{t_{on}} i_c \, dt = \frac{1}{C}\int_0^{t_{on}} I_o \, dt = \frac{I_o}{C} t_{on} = \frac{I_o}{C} DT_S = \frac{U_o DT_S}{RC} \tag{3.17}$$

电流连续时的输出电压纹波为

$$\frac{\Delta U_o}{U_o} = \frac{DT_S}{RC} = D\frac{T_S}{\tau} \tag{3.18}$$

其中, $\tau = RL$ 为时间常数。

实际应用中,选择电感电流的增量 ΔI_L 时,应使电感的峰值电流 $I_d + \Delta I_L$ 不大于最大平均直流输入电流 I_d 的 20%,以防止电感 L 饱和失效。

稳态运行时,开关管 T 导通(t_{on})期间电源输入到电感 L 中的磁能在 T 截止(t_{off})期间通过二极管 D 转移到输出端,如果负载电流很小,就会出现电流断流情况。如果负载电阻变得很大,负载电流太小,这时若占空比 D 仍不减小、t_{on} 不变,电源输入到电感的磁能必使输出电压不断增加,因此没有电压闭环调节的 Boost 变换器不宜在输出端开路情况下工作。

实训 3.3　升压式(Boost)直流变换电路的构建与调试

(一)实训目的

(1)熟悉降压变换电路的工作原理及波形。

(2)了解 PWM 控制与驱动电路的原理及其常用的集成芯片。

(3)掌握 Boost 变换器的调试方法及测量工作波形图。

3.3　升压变换电路的构建与调试

(二)实训内容

(1)SG3525 芯片的调试。

(2)调节占空比,测出电感电流 I_{R1} 处于连续与不连续临界状态时的占空比 D,并与理论值相比较。

(3)将电感 L 增大一倍或减小一半,测出 I_{R1} 处于连续与不连续临界状态时的占空比 D,并与理论值相比较。

(三)实训设备及仪器

(1)教学实训台主控制屏。

(2)MCLMK-54B-01 Boost 主电路。

(3)MCLMK-54B-02 Boost 控制电路。

(4)组件 MCL-50A 及 DLDZ-09。

(5)导线若干。

(6)双踪示波器及万用表(自备)。

(四)实训线路及原理

1.Boost 控制与驱动电路

控制电路同样以 SG3525 为核心构成,如图 3-22 所示。

2.Boost 主电路

升压变换电路(boost chopper)的主电路如图 3-23 所示。图 3-23 中 T 为全控型器件 MOSFET。当 T 处于通态时,电源 U_i 向电感 L_1 充电,充电电流基本恒定为 I_{R1},同时电容 C_1 上的电压向负载供电,因 C_1 值很大,基本保持输出电压 U_o 为恒值。设 T 处于通态的时间为 t_{on},此阶段电感 L_1 上积蓄的能量为 $U_i I R_1 t_{on}$。当 T 处于断态时 U_i 和 L_1 共同向电容 C_1 充电,并向负载提供能量。设 T 处于断态的时间为 t_{off},则在此期间电感 L_1 释放的能量为 $(U_o - U_i)IR_1 t_{on}$。当电路工作于稳态时,一个周期 T 内电感 L_1 积蓄的能量与释放的能量相等,即:

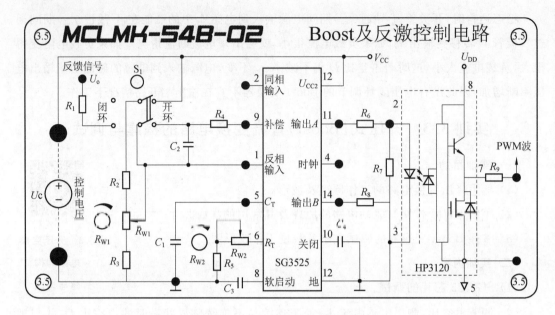

图 3-22　Boost 及反激控制电路

$$U_o = U_i/(1-D)$$

式中,占空比 $D = t_{on}/T$,因 $0 \leqslant D < 1$,所以输出电压总是大于或等于输入电压。故称该电路为升压变换电路。

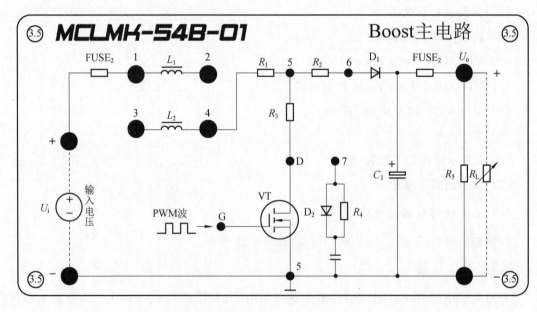

图 3-23　Boost 主电路

(五)实训方法

1. SG3525 性能测试

将 MCLMK-54B-02 控制电路模块的 U_c 接入 +15 V 电源(位于下组件 NMCL-50A),钮子开关拨至开环位置,占空比 R_{W1} 电位器与频率 R_{W2} 电位器分别逆时针调到底,开启模块电源,用示波器 CH1 通道(以 GND_1 为地)分别测量"2"、"9"、"1"、"5"、"7"、"11"、"4"、"14"及 U_2 接线柱的电压及波形,用示波器 CH1 通道(以 GND_2 为地)测量 PWM 隔离输出波形,调节 R_{W1} 电位器,观测 PWM 波形占空比变化范围并记录,调节 R_{W2} 电位器,观测 PWM 波形频率变化范围并记录。

2. 升压式(Boost)变换电路性能测试

1) 连接电路

SG3525 性能测试后关闭电源,用 10P 扁平带连接 MCLMK-54B-02 控制电路模块与 MCLMK-54B-01 主电路模块,另外将 MCLMK-54B-01 主电路模块的 U_i 接入 0~30 V 可调直流电源(位于下组件 MCL-50A),用导线短接主电路的"1"与"3"或"2"与"4",最后 U_o 接入电阻负载(位于 DLDZ-09)并串入直流电流表测量输出电流(注意负载并联阻值调至最大),观测主电路各点波形及占空比变化(通过钮子开关切换开环与闭环控制)。

2) 调试电路

开启两个模块供电电源,U_i 输入 15 V,调节 R_{W1},改变 PWM 波占空比,观测负载电压变化 U_o,调节负载电阻,使输出电流为 1 A 左右,用示波器分别观察主电路的 R_1、R_2、R_3 两端的电流波形 i_{R1}、i_{R2}、i_{R3} 及 U_{DS} 电压波形并记录,改变电路中的电感值及 PWM 波占空比,观测电感中电流连续与断续的各点波形。接入吸收电路,用导线短接控制电路"D"与"7",观察电路中波形变化并记录。

(六)思考

在实训过程中,如何用双踪示波器同时观察输出电压 U_o 波形和电流 I_o 波形?

3.4.4 升降压变换电路(buck-boost chopper)

1. 电路结构

升降压变换电路可以得到高于或低于输入电压的极性相反的输出电压,它主要用于要求输出与输入电压反相,其值可大于或小于输入电压的直流稳压电源。电路原理图如图 3-24 所示,该电路的结构特征是储能电感与负载并联,续流二极管 D 反向串联接在储能电感与负载之间。电路分析前可先假设电路中电感 L 很大,使电感电流 i_L 和电容电压及负载电压 u_o 基本稳定。

2. 工作原理

T 导通(t_{on})期间,等效电路如图 3-24(b)所示。二极管 D 反偏而关断,电感 L 储能,滤波电容 C 向负载提供能量。

$$U_d = L \frac{I_2 - I_1}{t_{on}} = L \frac{\Delta I_L}{t_{on}} \tag{3.19}$$

T 关断(t_{off})期间,等效电路如图 3-24(c)所示。当感应电动势 u_C 大小超过输出电压 U_o

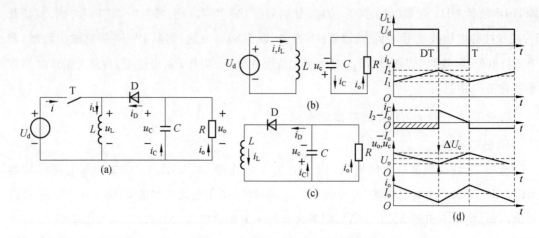

图 3-24　升降压变换电路及其工作波形

时,二极管 D 导通,电感经 D 向 C 和 R 反向放电,使输出电压的极性与输入电压相反。

$$U_o = -L \frac{\Delta I_L}{t_{off}}$$ (3.20)

由于负载电压极性为上负下正,与电源电压极性相反,该电路也称作反极性变换电路。

稳态时,一个周期 T_S 内 t_{on} 期间电感 L 电流的增加量等于 t_{off} 期间的减少量,得

$$\frac{U_d}{L}t_{on} = -\frac{U_o}{L}t_{off}$$ (3.21)

因此,输出电压的平均值为

$$U_o = -\frac{D}{1-D}U_d$$ (3.22)

上式中,若改变占空比 D,则输出电压既可高于电源电压,也可低于电源电压。

由此可知,当 $0 < D < 0.5$ 时,变换器输出电压低于直流电源输入,此时为降压变换器;当 $0.5 < D < 1$ 时,变换器输出电压高于直流电源输入,此时为升压变换器。

3.电流连续情况分析

根据在理想状态下,电路中的电感 L 无储能,可得电感电流临界连续时的负载电流平均值为

$$I_{oK} = \frac{D(1-D)}{2fL_o}U_d$$ (3.23)

当实际负载电流 $I_o > I_{oK}$ 时,电感电流连续;当实际负载电流 $I_o = I_{oK}$ 时,电感电流处于临界连续;当实际负载电流 $I_o < I_{oK}$ 时,电感电流断流。

◀ 任务 2　隔离型直流变换电路的构建与调试 ▶

3.5　隔离型直流变换电路

隔离型直流变换电路属于间接变换电路,当直流变换电路的输入端与输出端电压相差

很大时必须采用脉冲变压器进行高低压隔离,引入脉冲变压器的作用主要有以下几点。

(1)实现供电电源与负载之间电气隔离,提高变换器运行的安全性和电磁兼容性。

(2)改变脉冲变压器的变比可以在即使 U_d 与 U_o 相差很大的情况下,也能让占空比 D 数值适中而不至于接近 0 或接近 1。

(3)可以设置多个二次绕组输出多个电压大小不同的直流电压。

如果变换器只需一个开关管,变换器中变压器的磁通只在单方向变化,称为单端变换器。单端变换器按能量传递的方式可分为正激变换器和反激变换器。如果开关管导通时电源将能量直接传送至负载称为正激变换器;如果开关管导通时电源将能量转为磁能储存在电感中,当开关管阻断时再将磁能变成电能传送到负载则称为反激变换器。单端变换器仅用于小功率电源变换电路。

采用两个或四个开关管的带隔离变压器的多管变换器有半桥式变换器和全桥式变换器,变换器中变压器的磁通可在正、反两个方向变化,铁芯的利用率高,体积可减小为单管压器的一半。多管直流变换器常用于大功率场合。

3.5.1 正激式变换器(forward converter)

1.电路结构

正激电路包含多种不同结构,典型的单开关正激电路及其工作波形如图 3-25 所示。

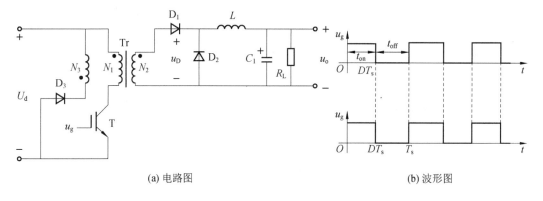

(a)电路图　　　　　　　　　　(b)波形图

图 3-25　正激电路原理图及理想化波形

图 3-25 中的·表示变压器的同名端,即变压器绕制时绕组的头,若接反,相位会相差 180°;同时也表示同一时刻极性相同的端。

2.工作过程分析

当 T 导通后,变压器绕组 N_1 两端的电压为上正下负,与其耦合的绕组 N_2 两端的电压也是上正下负。此时 D_1 处于通态,D_2 为断态,电感上的电流逐渐增长;T 关断后,电感 L 通过 D_2 续流,D_1 关断,L 的电流逐渐下降。T 关断后变压器的励磁电流经绕组 N_3 和 D_3 流回电源。

3. 变压器的磁饱和与磁芯复位

开关 T 导通后,变压器的励磁电流由零开始,随着时间的增加而线性地增长。在开关 T 关断时,如果励磁电流不能线性下降到零,下一个开关周期中,励磁电流将在本周期结束时的剩余值基础上继续增加,并在以后的开关周期中依次累积起来,变得越来越大,从而导致变压器的励磁电感饱和。励磁电感饱和后,励磁电流会更加迅速地增长,最终损坏电路中的开关器件。

因此在一个周期关断后使励磁电流降回零是非常重要的,这一过程称为变压器的磁芯复位。在正激电路中设置变压器的第三绕组 N_3,其匝数与一次绕组 N_1 匝数相同,再串联二极管 D_3 后组成磁芯复位电路。开关 T 关断后,当第三绕组上的感应电压超过电源电压时,二极管 D_3 导通,存储在变压器中的能量耦合到第三绕组,由二极管 D_3 反送回电源,这样一方面可以把变压器中的励磁电流回流产生的磁能反馈到电源,并下降到零使磁芯复位;另一方面 D_3 导通把电压限制在电源电压上,不至于产生过电压击穿开关管 T。

4. 参数计算

T 关断后承受的电压为

$$u_T = (1 + \frac{N_1}{N_3})U_d \tag{3.24}$$

从 T 关断到 N_3 绕组的电流下降到零所需的时间为

$$t_r = \frac{N_3}{N_1}t_{on} \tag{3.25}$$

T 处于断态的时间必须大于 t_r,以保证 T 下次导通前励磁电流能够降为零,使变压器磁芯可靠复位。

在输出滤波电感电流连续的情况下,即 T 导通时电感 L 的电流不为零,电路的输出电压为

$$U_o = \frac{N_2}{N_1}\frac{t_{on}}{T_S}U_d = \frac{N_2}{N_1}DU_d \tag{3.26}$$

如果输出电感电流不连续,输出电压 U_o 将高于上式的计算值,并随负载减小而升高,在负载为零的极限情况下

$$U_o = \frac{N_2}{N_1}U_d \tag{3.27}$$

3.5.2 反激式变换器(flyback converter)

1. 电路结构

反激电路及其工作波形如图 3-26 所示。

同正激电路不同,反激电路中的变压器起着储能元件的作用,可以看作是一对相互耦合的电感。

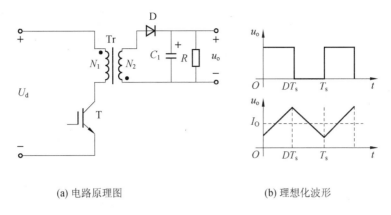

(a) 电路原理图　　　　　　　　　(b) 理想化波形

图 3-26　反激电路原理图及理想化工作波形

2. 工作过程分析

T 导通后,绕组 N_1 的电流线性增长,电感储能增加(电感量为 L_1),根据变压器同名端的极性,二次绕组中感应电动势下正上负,D 处于断态;T 关断后,绕组 N_1 的电流被切断,二次绕组中感应电动势变为上正下负,D 导通,变压器中的磁场能量通过绕组 N_2 和 D 向输出端释放(电感量为 L_2)。

3. 参数计算

T 关断后承受的电压为

$$u_T = (U_d + \frac{N_1}{N_2})U_o \tag{3.28}$$

反激电路可以工作在电流断续和电流连续两种模式:

① T 导通时,绕组 N_2 中的电流尚未下降到零,则电路工作于电流连续模式;

② T 导通前,绕组 N_2 中的电流已经下降到零,则电路工作于电流断续模式。

当工作于电流连续模式时:

$$U_o = \frac{N_2}{N_1} \frac{t_{on}}{t_{off}} U_d = \frac{N_2}{N_1} \frac{D}{1-D} U_d \tag{3.29}$$

当电路工作在断续模式时,输出电压高于上式的计算值:

$$U_o = U_d t_{on} \sqrt{\frac{R_L}{2L_1 T_S}} \tag{3.30}$$

U_o 随负载减小而升高,在负载电流为零的极限情况下,$U_o \to \infty$,这将损坏电路中的器件,因此反激电路不应工作于负载开路状态。

3.5.3　推挽式变换器

1. 电路结构

推挽电路及其工作波形如图 3-27 所示。

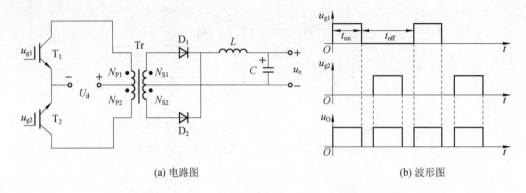

(a) 电路图   (b) 波形图

图 3-27　推挽电路原理图及其工作波形

推挽电路实际上就是由两个正激变换电路组成的,只是它们工作的相位相反。

2．工作过程分析

在每个周期中两个开关 T_1 和 T_2 交替导通,在绕组 N_{P1} 和 N_{P2} 两端分别形成相位相反的交流电压。T_1 导通时,二极管 D_1 处于通态;T_2 导通时,二极管 D_2 处于通态;当两个开关都关断时,D_1 和 D_2 都处于通态,各分担一半的电流。T_1 或 T_2 导通时电感 L 的电流逐渐上升,两个开关都关断时,电感 L 的电流逐渐下降。T_1 和 T_2 断态时承受的峰值电压均为 $2U_d$。

如果 T_1 和 T_2 同时导通,就相当于变压器一次绕组短路,因此应避免两个开关同时导通,每个开关各自的占空比不能超过 50%,还要留有死区。

3．参数计算

当滤波电感 L 的电流连续时,有

$$U_o = \frac{N_2}{N_1} \frac{2t_{on}}{T_S} U_d \tag{3.31}$$

如果输出电感电流不连续,输出电压 U_o 将高于上式中的计算值,并随负载减小而升高,在负载电流为零的极限情况下:

$$U_o = \frac{N_2}{N_1} U_d \tag{3.32}$$

3.5.4　半桥式变换器

1．电路结构

半桥电路由开关管(T_1、T_2)、二极管($D_1 \sim D_4$)、输入电容(C_1、C_2)以及高频变压器等元件组成,如图 3-28 所示。

在半桥电路中,变压器一次绕组两端分别连接在电容 C_1、C_2 的中点和开关 T_1、T_2 的中点。电容 C_1、C_2 的中点电压为 $U_d/2$。

2．工作过程分析

T_1、T_2 的驱动信号 u_{g1}、u_{g2} 是一对互差 $180°$ 的驱动信号,因此 T_1 与 T_2 交替导通,使变压

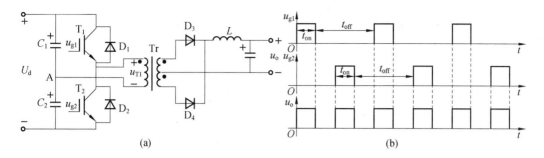

图 3-28 半桥电路原理图及理想化工作波形

器一次侧形成幅值为 $U_d/2$ 的交流电压。

T_1 导通，T_2 关断时，电容 C_1 通过 T_1 和高频变压器的一次绕组 N_1 放电，同时对电容 C_2 充电。此时二次绕组 N_2 的感应电压使 D_3 导通，向负载传递能量。在 T_1 关断之前，A 点电位 U_A 上升。

为了防止 T_1、T_2 共同导通形成短路损坏开关管，在 T_1 截止瞬间，不允许 T_2 立即导通，要留有死区。

在 T_1、T_2 都关断期间，变压器一次绕组 N_1 中电流为零，根据变压器的磁动势平衡方程，变压器二次侧两个绕组中的电流大小相等、方向相反，所以 D_3 和 D_4 都处于通态，各分担一半的电流。

T_2 导通，T_1 关断时，电容 C_2 通过高频变压器的一次绕组 N_1 和 T_2 放电，同时对电容 C_1 充电。此时二次绕组 N_2 的感应电压使 D_4 导通，向负载传递能量。在 T_2 关断之前，A 点电位 U_A 下降。

由上述分析可知，T_1 或 T_2 导通时电感上的电流逐渐上升，两个开关都关断时，电感上的电流逐渐下降。T_1 和 T_2 断态时承受的峰值电压均为 U_d。

由于电容的隔直作用，半桥电路对由于两个开关导通时间不对称而造成的变压器一次电压的直流分量有自动平衡作用，因此不容易发生变压器的偏磁和直流磁饱和现象。

为了避免上下两开关在换流的过程中发生短暂的同时导通现象而造成短路损坏开关器件，每个开关各自的占空比不能超过 50%，并应留有死区。

3.参数计算

当滤波电感 L 的电流连续时，有

$$U_o = \frac{N_2}{N_1} \frac{t_{on}}{T_S} U_d = \frac{N_2}{N_1} D U_d \tag{3.33}$$

由上式可知，改变开关的占空比 D，就改变了输出电压 U_o。

如果输出电感电流不连续，输出电压 U_o 将高于式（3.33）中的计算值，并随负载减小而升高，在负载电流为零的极限情况下：

$$U_o = \frac{N_2}{N_1} \frac{U_d}{2} \tag{3.34}$$

3.5.5　全桥式变换器

1. 电路结构

将半桥电路中的输入电容(C_1、C_2)换成两只开关管,并配以适当的驱动电路,就构成了全桥电路,如图 3-29 所示。

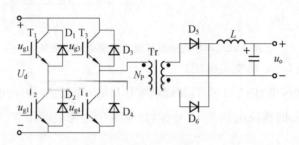

图 3-29　全桥电路原理图

2. 工作过程分析

T_1、T_4 的驱动信号 u_{g1} 与 u_{g4} 同相,T_2、T_3 的驱动信号 u_{g2} 与 u_{g3} 同相,而且两组驱动信号互差 180°。

全桥电路中互为对角的两个开关同时导通,而同一侧半桥上下两开关交替导通,将直流电压变成幅值为 U_d 的交流电压,加在变压器一次侧。

当 T_1、T_4 导通后,变压器建立磁化电流,变压器二次绕组 N_2 上感应电压使 D_5 导通,向负载传递能量。当 T_1、T_4 关断,T_2、T_3 导通后,变压器建立反向磁化电流,变压器二次绕组 N_2 上感应电压使 D_6 导通,向负载传递能量,此时 T_1、T_4 承受的峰值电压均为 U_d。两个时段内电感 L 的电流也上升。

当 $T_1 \sim T_4$ 都关断时,$D_1 \sim D_4$ 四个二极管都导通,电感 L 的电流逐渐下降。根据变压器的磁动势平衡方程,变压器二次侧两个绕组中的电流大小相等、方向相反,所以 D_5 和 D_6 都处于通态,各分担一半的电流。

与半桥电路相比,全桥电路一次绕组上的电压增加了一倍,而每个开关管的耐压仍为输入电压。

若 T_1、T_4 与 T_2、T_3 的导通时间不对称,则变压器一次交流电压中将含有直流分量,会在变压器一次电流中产生很大的直流分量,造成磁路饱和,因此全桥应注意避免电压直流分量的产生,也可以在一次回路电路中串联一个电容,阻断直流电流。

为了避免同一侧半桥中上下两开关在换流的过程中发生短暂的同时导通现象而损坏开关,每个开关各自的占空比不能超过 50%,并应留有死区。

3. 参数计算

当滤波电感 L 的电流连续时,有

$$U_o = \frac{N_2}{N_1} \frac{2t_{on}}{T_S} U_d = \frac{N_2}{N_1} 2DU_d \tag{3.35}$$

如果输出电感电流不连续,输出电压 U_o 将高于式(3.35)中的计算值,并随负载减小而升高,在负载电流为零的极限情况下:

$$U_o = \frac{N_2}{N_1} U_d \tag{3.36}$$

3.6 直流变换电路的 PWM 控制技术

在直流变换电路中,对功率开关器件的控制往往采用 PWM 脉宽调制控制方式。

将等腰三角波作为载波(其任一点上下宽度与高度呈线性关系且左右对称),将要输出波形(直流电压)作为调制信号,当两个信号波相交时得到一组等幅而脉冲宽度正比于该信号波幅值的矩形脉冲,这一系列的脉冲就是控制开关器件通断的 PWM 驱动信号。

如图 3-30 所示,为了输出直流信号,将直流信号作为调制信号 u_r,接受调制的载波是三角波 u_c,当 $u_r > |u_c|$,产生脉冲;当 $u_r < |u_c|$,不产生脉冲,将比较产生的脉冲列对直流变换电路开关器件的通断进行控制,就可以在负载上得到幅值与输入电压 U_d 相等,宽度与脉冲列相等的输出电压 u_o 波形。

调节直流信号的大小,就可以改变脉冲列的宽度,从而对直流变换电路开关器件的通断时间进行控制,经过滤波器后得到大小可调的直流电压。

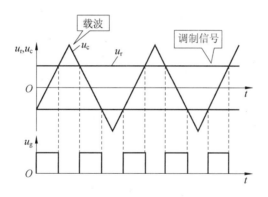

图 3-30 PWM 波形

【思考题】

3.1 与 GTR 相比功率 MOS 管有何优缺点?

3.2 从结构上讲,功率 MOS 管与 VDMOS 管有何区别?

3.3 试简述功率场效应管在应用中的注意事项。

3.4 与 GTR、VDMOS 相比,IGBT 管有何特点?

3.5 表 3-1 给出了 1200 V 和不同等级电流容量 IGBT 管的栅极电阻推荐值。试说明为什么随着电流容量的增大,栅极电阻值相应减小?

表 3-1　栅极电阻推荐值

电流容量/A	25	50	75	100	150	200	300
栅极电阻/Ω	50	25	15	12	8.2	5	3.3

3.6　开关器件的开关损耗大小同哪些因素有关?

3.7　试比较 Buck 电路和 Boost 电路的异同。

3.8　试说明直流变换电路主要有哪几种电路结构?试分析它们各有什么特点?

3.9　试分析反激式和正激式变换器的工作原理。

3.10　试分析全桥式变换器的工作原理。

3.11　有一开关频率为 50 kHz 的 Buck 变换电路工作在电感电流连续的情况下,$L=0.05$ mH,输入电压 $U_d=15$ V,输出电压 $U_o=10$ V。

(1) 求占空比 D 的大小;

(2) 求电感中电流的峰-峰值 ΔI;

(3) 若允许输出电压的纹波 $\Delta U_o / U_o = 5\%$,求滤波电容 C 的最小值。

3.12　图 3-31 所示的电路工作在电感电流连续的情况下,器件 T 的开关频率为 100 kHz,电路输入电压为交流 220 V,当 R_L 两端的电压为 400 V 时:

(1) 求占空比的大小;

(2) 当 $R_L = 40$ Ω 时,求维持电感电流连续时的临界电感值;

(3) 若允许输出电压纹波系数为 0.01,求滤波电容 C 的最小值。

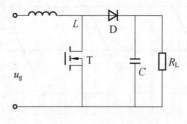

图 3-31　题 3.12 图

3.13　在 Boost 变换电路中,已知 $U_d=50$ V,L 值和 C 值较大,$R=20$ Ω,若采用脉宽调制方式,当 $T_s=40$ μs,$t_{on}=20$ μs 时,试计算输出电压平均值 U_o 和输出电流平均值 I_o。

车载逆变器的构建与调试

逆变器是将直流电能转换为交流电能的设备,根据用途可分为有源逆变器和无源逆变器。当负载侧成了直流电源,而电网侧成了交流负载,这种逆变被称为有源逆变,在这种特殊工作状态下整流器变成了有源逆变器。有源逆变主要应用于直流电机的可逆调速、绕线式异步电机的串级调速、高压直流输电和太阳能发电等方面。

无源逆变器的交流侧不与电网连接,而是直接接到负载,即将直流电逆变成某一频率或可变频率的交流电供给负载。无源逆变器主要应用于交流电机变频调速、感应加热、不间断电源等方面,它的应用十分广泛,是构成电力电子技术的重要内容。

车载逆变器属于无源逆变器,在国外已经相当普及。车载逆变器是一种能够将 12 V 直流电转换为 220 V 交流电的车用电源转换器,它通过连接点烟器得到 20～100W 的输出,也可以直接连接电瓶输出更高的功率。可用于笔记本电脑、照相机、照明灯、游戏机、电动工具、车载冰箱及各种旅游汽车电器。其实物如图 4-1 所示。

(a) 实物连接图　　　　　　　　(b) 实物图

图 4-1　车载逆变器

车载逆变器的整个电路框图如图 4-2 所示,大体上可分为两大部分,第一部分采用直流/直流变换,通过脉宽调制和高频变压器把直流低压升压变成直流高压,再通过第二部分直流/交流变换,通过对直流/交流全桥逆变电路各个桥臂 MOS 管通断的控制,把高压直流逆变为交流电压,然后通过滤波电路,滤出我们所需要的 50 Hz 频率的交流电压,从而完成 12 V 直流电压逆变成 220 V/50 Hz 的交流电压。

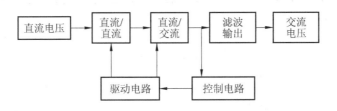

图 4-2　车载单相准正弦脉宽调制逆变电路框图

前面我们已经学习过直流—直流变换电路,下面主要学习第二部分直流—交流变换电路(即逆变电路)。

◀ 任务1　逆变电路的构建与调试 ▶

4.1　无源逆变电路概述

1. 基本工作原理

根据逆变电路输出交流电的种类可以分为单相逆变电路和三相逆变电路。以单相桥式逆变电路为例,电路图和对应的波形如图4-3所示。

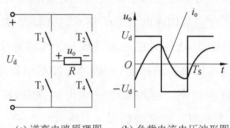

(a) 逆变电路原理图　　　(b) 负载电流电压波形图

图4-3　逆变电路原理示意图及波形图

电路图中开关 T_1～T_4 是桥式电路的 4 个臂,实际是各种半导体开关器件的一种理想模型,由电力电子器件及辅助电路组成。逆变电路中常用的开关器件有快速晶闸管、可关断晶闸管(GTO)、功率晶体管(GTR)、功率场效应晶体管(MOSFET)、绝缘栅晶体管(IGBT)。

从电路图及其对应的波形可以看出以下几点。

(1) T_1、T_4 闭合,T_2、T_3 断开,输出 u_o 为正,反之,T_1、T_4 断开,T_2、T_3 闭合,输出 u_o 为负,这样就把直流电变换成交流电。

(2) 改变两组开关的切换频率,可以改变输出交流电的频率。

(3) 电阻性负载时,电流和电压的波形相同。电感性负载时,电流和电压的波形不相同,电流滞后电压一定的角度。

2. 换流方式

换流就是电流从一个支路向另一个支路转移的过程,也称为换相。一般来说,换流方式可分为以下几种。

1) 器件换流

利用全控型器件的自关断能力进行换流。

2) 电网换流

在整流电路中就已经出现过电网换流,电网换流是利用电网电压中负电压将晶闸管关断,从而达到换流的目的。此方法不需要器件具有门极可关断能力,但不适用于没有交流电网的无源逆变电路。

3) 负载换流

由负载提供换流电压,使电力电子器件关断,实现电流从一个臂向另一个臂转移。负载电流的相位超前于负载电压的场合,都可实现负载换流,如图4-4所示。

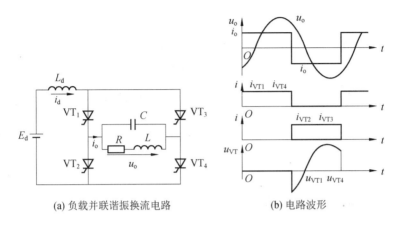

(a) 负载并联谐振换流电路　　　　(b) 电路波形

图 4-4　负载并联谐振换流电路及波形

4) 脉冲换流

设置附加的换流电路,由换流电路内的电容提供换流电压,控制电力电子器件实现电流从一个臂向另一个臂转移。脉冲换流有脉冲电压换流和脉冲电流换流。

(1) 脉冲电压换流:由换流电路内电容直接提供换流电压。

如图4-5所示,当晶闸管 T 处于通态时,预先给电容充电。当 S 合上,就可使 T 被施加反压而关断,也叫电压换流。

(2) 脉冲电流换流:通过换流电路内的电容和电感的耦合来提供换流电压或换流电流。

图 4-6 是两种不同的脉冲电流换流原理图,图 4-6(a)中,晶闸管 T 在 LC 振荡第一个半周期内关断,图 4-6(b)中晶闸管在 LC 振荡第二个半周期内关断,原因是在晶闸管导通期间,两图中电容所充的电压极性不同。在图 4-6(a)中,接通开关 S 后,LC 振荡电流将反向流过晶闸管 T,与 T 的负载电流相减,直到 T 的合成正向电流减为零后,再流过反并联二极管。在图 4-6(b)中,接通 S 后,LC 振荡电流先正向流过 T 并和 T 原有负载电流叠加,经半个振荡周期 $\pi\sqrt{LC}$ 后,振荡电流反向流过 T,直到 T 的合成正向电流减到零后再流过反并联二极管 D。

这两种电路都是先使晶闸管正向电流减到零,然后通过反并联二极管导通后的反向管压降使晶闸管关断的,也叫电流换流。

综上所述,我们可以发现,器件换流适用于全控型器件,其余三种方式都是针对晶闸管而言的。器件换流和强迫换流属于自换流,电网换流和负载换流属于外部换流。特别要指出的是,当电流不是从一个支路向另一个支路转移,而是在支路内部终止流通而变为零,则称为熄灭。

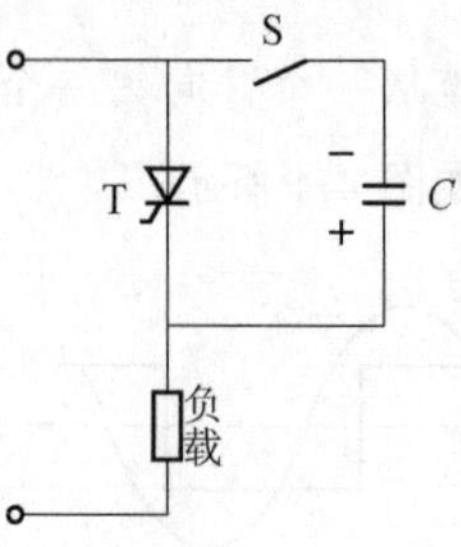

图 4-5 脉冲电压换流原理图

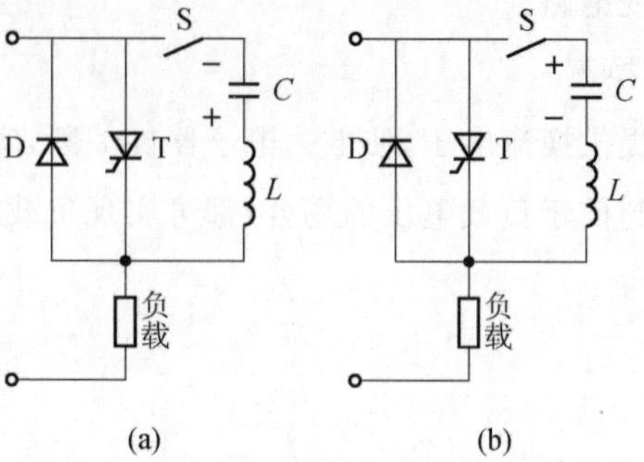

图 4-6 脉冲电流换流原理图

3. 逆变电路的分类

1）根据直流电源的性质不同分类

（1）电压型逆变电路。

电压型逆变电路的输入直流侧并接有大电容，输入直流电源为恒压源，逆变电路将直流电压变成交流电压。

（2）电流型逆变电路。

电流型逆变电路的输入直流侧串接有大电感，输入直流电源为恒流源，逆变电路将直流电流变成交流电流。

2）根据换流方式分类

（1）负载换流型逆变电路。

（2）脉冲换流型逆变电路。

（3）自换流型逆变电路。

3）根据负载特点分类

（1）非谐振式逆变电路。

（2）谐振式逆变电路。

4.2 电压型逆变电路

4.2.1 单相桥式电压型逆变电路

1. 电路结构

电路结构及其工作波形如图 4-7 所示。

2. 工作原理

全控型开关器件 T_1 和 T_4 构成一对桥臂，T_2 和 T_3 构成一对桥臂，T_1 和 T_4 同时通、断；T_2 和 T_3 同时通、断。T_1（T_4）与 T_2（T_3）的驱动信号互补，即 T_1 和 T_4 有驱动信号时，T_2 和 T_3 无

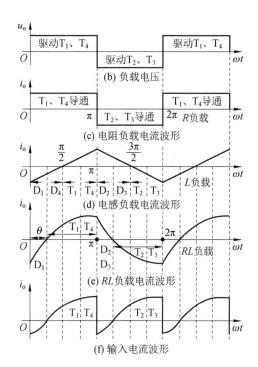

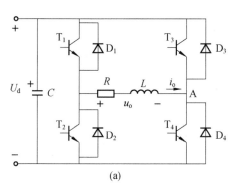

图 4-7 单相全桥电压型逆变电路及其工作波形

驱动信号,反之亦然,两对桥臂各交替导通180°。T_1 和 T_2 之间存在死区时间,以避免上、下直通,在死区时间内两晶闸管均无驱动信号。从图 4-7(b)可以看出,输出电压为矩形波,只能通过改变直流电压 U_d 来改变输出交流电压的有效值。

3. 基本数量分析

1)电阻负载

$0 \leqslant \omega t < T_o/2$ 期间,T_1 和 T_4 有驱动信号导通,T_2 和 T_3 无驱动信号截止,$u_o = +U_d$。

$T_o/2 \leqslant \omega t < T_o$ 期间,T_2 和 T_3 有驱动信号导通,T_1 和 T_4 无驱动信号截止,$u_o = -U_d$。

输出电压是180°宽的方波电压,幅值为 U_d。其输出电压、电流波形如图 4-7(b)、(c)所示。

输出方波电压瞬时值

$$u_o = \sum_{n=1,3,5,\cdots}^{\infty} \frac{4U_d}{n\pi} \sin n\omega t \tag{4.1}$$

输出方波电压有效值

$$U_o = \sqrt{\frac{2}{T_o}\int_0^{\frac{T_o}{2}} U_d^2 \mathrm{d}t} = U_d \tag{4.2}$$

基波分量的有效值

$$U_{o1} = \frac{4U_d}{\sqrt{2}\pi} = 0.9U_d \tag{4.3}$$

2)电感负载

$0 \leqslant \omega t < T_o/4$ 期间,T_2 和 T_3 无驱动信号截止,尽管 T_1 和 T_4 有驱动信号,但电流 i_o 为负

值,此时 D_1、D_4 导通起负载电流续流作用,$U_d = L \dfrac{di_o}{dt} = +U_d$,负载电流 i_o 线性上升。

$T_o/4 \leqslant \omega t < T_o/2$ 期间,电流 i_o 大于零,T_1 和 T_4 仍有驱动信号而导通,此时 $U_d = L \dfrac{di_o}{dt} = +U_d$,负载电流 i_o 线性上升。

同理,$T_o/2 \leqslant \omega t \leqslant 3T_o/4$ 期间,D_2、D_3 导通起负载电流续流作用,在此期间 $T_1 \sim T_4$ 均不导通。T_2 和 T_3 仅在 $3T_o/4 \leqslant \omega t \leqslant T_o$ 期间导通。在整个 $T_o/2 \leqslant \omega t \leqslant T_o$ 期间,负载电流 i_o 线性下降,$u_o = -U_d$。

由上面的分析可知,流过负载的电流 i_o 滞后于负载电压 u_o,负载电流波形为三角波,如图 4-7(c)所示。

由 $U_d = L \dfrac{di_o}{dt} = L \dfrac{2I_{om}}{T_o/2}$ 可得负载电流峰值为

$$I_{om} = \frac{T_o}{4L} U_d \tag{4.4}$$

3）阻感负载

$0 \leqslant \omega t \leqslant \theta$ 期间,T_1 和 T_4 有驱动信号,由于电流 i_o 为负值,T_1 和 T_4 不导通,D_1、D_4 导通起负载电流续流作用,$u_o = +U_d$。

$\theta \leqslant \omega t \leqslant \pi$ 期间,i_o 为正值,T_1 和 T_4 才导通。

$\pi \leqslant \omega t \leqslant \pi + \theta$ 期间,T_2 和 T_3 有驱动信号,由于电流 i_o 为负值,T_2、T_3 不导通,D_2、D_3 导通起负载电流续流作用,$u_o = -U_d$。

$\pi + \theta \leqslant \omega t \leqslant 2\pi$ 期间,T_2 和 T_3 才导通。

图 4-7(e)所示是 RL 负载时直流电源输入电流的波形。图 4-7(f)所示是 RL 负载时直流电源输入电流的波形。

逆变电路一般采用全控型开关器件,若电路输出频率较低,电路中开关器件可以采用 GTO,若输出频率较高,则应采用 GTR、MOSFET 或 IGBT 等高频自关断器件。

4.2.2 三相桥式电压型逆变电路

1. 电路结构

6 只 IGBT 可构成一个三相桥式逆变电路,如图 4-8 所示。$D_1 \sim D_6$ 为续流二极管。

2. 工作过程

三相桥式电压型逆变电路的基本工作方式为 180°导电型,即每个桥臂的导电角为 180°,同一相上下桥臂交替导电的纵向换流方式,各相开始导电的时间依次相差 120°。

在一个周期内,6 个开关管触发导通的次序为 $T_1 \rightarrow T_2 \rightarrow T_3 \rightarrow T_4 \rightarrow T_5 \rightarrow T_6$,依次相隔 60°,任一时刻均有三个管子同时导通,导通的组合顺序为 $T_1T_2T_3$、$T_2T_3T_4$、$T_3T_4T_5$、$T_4T_5T_6$、$T_5T_6T_1$、$T_6T_1T_2$,每种组合工作 60°。

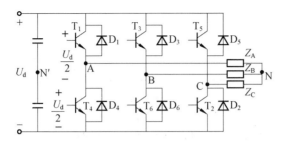

图 4-8　三相桥式电压型逆变电路

3.各相负载相电压和线电压波形

将一个工作周期分成 6 个区域。在 $0<\omega t\leqslant\pi/3$ 区域,设 $u_{g1}>0$, $u_{g2}>0$, $u_{g3}>0$,则有 T_1 、

T_2、T_3 导通,线电压 $\begin{cases} u_{AB}=0 \\ u_{BC}=U_d \\ u_{CA}=-U_d \end{cases}$,相电压 $\begin{cases} u_{AN}=\dfrac{1}{3}U_d \\ u_{BN}=\dfrac{1}{3}U_d \\ u_{CN}=-\dfrac{2}{3}U_d \end{cases}$,式中 U_d 为逆变器输入直流电压。

根据同样的思路可得其余 5 个时域的值,如表 4-1 所示。

表 4-1　三相桥式逆变电路的工作状态表

	ωt	$0\sim\dfrac{1}{3}\pi$	$\dfrac{1}{3}\pi\sim\dfrac{2}{3}\pi$	$\dfrac{2}{3}\pi\sim\pi$	$\pi\sim\dfrac{4}{3}\pi$	$\dfrac{4}{3}\pi\sim\dfrac{5}{3}\pi$	$\dfrac{5}{3}\pi\sim2\pi$
	导通开关门	$T_1 T_2 T_3$	$T_2 T_3 T_4$	$T_3 T_4 T_5$	$T_4 T_5 T_6$	$T_5 T_6 T_1$	$T_6 T_1 T_2$
负载等效电路							
输出相电压	u_{AN}	$\dfrac{1}{3}U_d$	$-\dfrac{1}{3}U_d$	$-\dfrac{2}{3}U_d$	$-\dfrac{1}{3}U_d$	$\dfrac{1}{3}U_d$	$\dfrac{2}{3}U_d$
	u_{BN}	$\dfrac{1}{3}U_d$	$\dfrac{2}{3}U_d$	$\dfrac{1}{3}U_d$	$-\dfrac{1}{3}U_d$	$-\dfrac{2}{3}U_d$	$-\dfrac{1}{3}U_d$
	u_{CN}	$-\dfrac{2}{3}U_d$	$-\dfrac{1}{3}U_d$	$\dfrac{1}{3}U_d$	$\dfrac{2}{3}U_d$	$\dfrac{1}{3}U_d$	$-\dfrac{1}{3}U_d$
输出线电压	u_{AB}	0	$-U_d$	$-U_d$	0	U_d	U_d
	u_{AB}	U_d	U_d	0	$-U_d$	$-U_d$	0
	u_{AB}	$-U_d$	0	U_d	U_d	0	$-U_d$

4.负载相电压和线电压幅值分析

从图 4-9 可以看出,星形负载电阻上的相电压 u_{AN}、u_{BN}、u_{CN} 波形是 180°正负对称的阶梯波。三相负载电压相位相差 120°。根据 B 相负载相电压的波形图,利用傅里叶分析,其相电压的瞬时值为

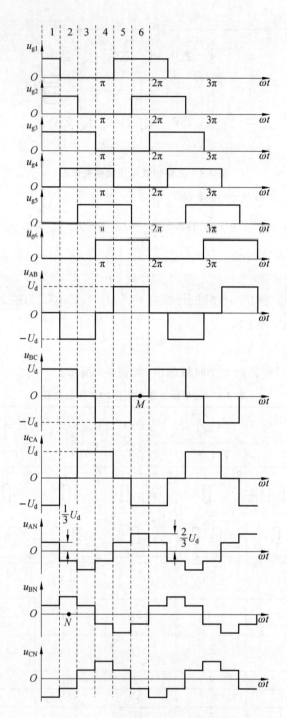

图 4-9　三相桥式电压型逆变电路输出波形

$$u_{BN} = \frac{2U_d}{\pi}\left(\sin\omega t + \frac{1}{5}\sin5\omega t + \frac{1}{7}\sin7\omega t + \frac{1}{11}\sin11\omega t + \frac{1}{13}\sin13\omega t + \cdots\right) \quad (4.5)$$

相电压基波幅值

$$U_{BN1m} = \frac{2U_d}{\pi} \quad (4.6)$$

由式(4.5)、(4.6)可知,负载相电压中无 3 次谐波,只含更高阶奇次谐波,n 次谐波幅值为基波幅值的 $1/n$。

同理,从图 4-9 可以看出,负载线电压是 120°正负对称的矩形波。三相负载电压相位相差 120°。根据线电压 u_{BC} 的波形图,利用傅里叶分析,其线电压的瞬时值为

$$u_{BC} = \frac{2\sqrt{3}U_d}{\pi}\left(\sin\omega t - \frac{1}{5}\sin5\omega t - \frac{1}{7}\sin7\omega t + \frac{1}{11}\sin11\omega t + \frac{1}{13}\sin13\omega t + \cdots\right) \quad (4.7)$$

线电压基波幅值

$$U_{BC1m} = \frac{2\sqrt{3}U_d}{\pi} \quad (4.8)$$

可知,负载线电压中无 3 次谐波,只含更高阶奇次谐波,n 次谐波幅值为基波幅值的 $1/n$。

三相逆变电路中桥臂 1、3、5 的电流相加可得直流侧电流 i_d 的波形,i_d 每 60°脉动一次,直流电压基本无脉动,因此逆变器从直流侧向交流侧传送的功率是脉动的。

对于 180°导通型逆变电路,为了防止同一相上下桥臂同时导通而引起直流电源的短路,必须采取"先断后通"的方法,即上下桥臂的驱动信号之间必须存在死区。

除 180°导通型外,三相桥式逆变电路还有 120°导通型的控制方式,即每个桥臂导通 120°,同一相上下两个桥臂的导通有 60°间隔,各相导通依次相差 120°。120°导通型不存在上下直通的问题,但当直流电压一定时,其输出交流线电压有效值比 180°导通型低得多,直流电源电压利用率低。因此,一般电压型三相逆变电路都采用 180°导通型控制方式。

改变开关管的触发频率或触发顺序($T_6 \rightarrow T_1$),就能改变输出电压的频率和相序,从而实现电动机的变频调速和正反转控制。

4.2.3 电压型逆变电路的特点

(1)直流侧为电压源或并联大电容,直流侧电压基本无脉动。

(2)交流侧输出电压为矩形波,与负载阻抗角无关。交流侧输出电流波形与负载有关,一般为三角波或接近正弦波。

(3)交流侧接电感性负载时需要提供无功功率。直流侧电容起缓冲无功功率的作用。为了给交流侧向直流侧反馈的无功能量提供通道,逆变桥各臂并联反馈二极管。

(4)逆变器从直流侧向交流侧传送的功率是脉动的。

4.3 电流型逆变电路

4.3.1 单相桥式电流型逆变电路

1.电路结构

图 4-10 给出了单相桥式电流型逆变电路的原理图。在直流电源侧接有大电感 L_d,以维

持电流的恒定。逆变电路采用 IGBT 作为开关器件。

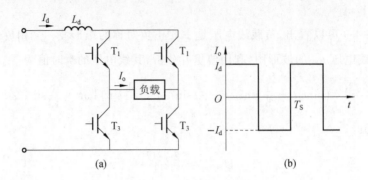

图 4-10　单相桥式电流型逆变电路及电流波形

2.工作原理

当 T_1、T_4 导通，T_2、T_3 关断时，$I_o = I_d$；反之，$I_o = -I_d$。当以频率 f 交替切换开关管 T_1、T_4 和 T_2、T_3 时，则在负载上获得如图 4-10(b)所示的电流波形。无论电路负载性质如何，输出电流波形都为矩形波，而输出电压波形由负载性质决定。

主电路开关管采用自关断器件时，如果其反向不能承受高电压，则需在各开关器件支路串入二极管。

3.基本数量分析

将图 4-10(b)所示的电流波形 i_o 展开成傅里叶级数，有

$$i_o = \frac{4I_d}{\pi}\left(\sin\omega t + \frac{1}{3}\sin3\omega t + \frac{1}{5}\sin5\omega t + \cdots\right) \tag{4.9}$$

基波幅值 I_{o1m} 和基波有效值 I_{o1} 分别为

$$I_{o1m} = \frac{4I_d}{\pi} = 1.27I_d \tag{4.10}$$

$$I_{o1} = \frac{4I_d}{\pi\sqrt{2}} = 0.9I_d \tag{4.11}$$

4.3.2　三相桥式电流型逆变电路

1.电路结构

电路原理图如图 4-11 所示。

2.工作过程

三相桥式电流型逆变电路的基本工作方式为 120°导通方式，任意瞬间只有两个桥臂导通。导通顺序为 $T_1 \rightarrow T_2 \rightarrow T_3 \rightarrow T_4 \rightarrow T_5 \rightarrow T_6$，依次间隔 60°，每个桥臂导通 120°。这样，每个时刻上桥臂组和下桥臂组中都各有一个臂导通，换流时是在上桥臂组或下桥臂组内依次换流，属横向换流方式。

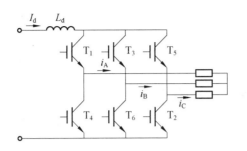

图 4-11 三相桥式电流型逆变电路

3. 各相负载相电流波形

图 4-12 为三相桥式电流型逆变电路的输出电流波形,它与负载性质无关。输出电压波形由负载的性质决定。

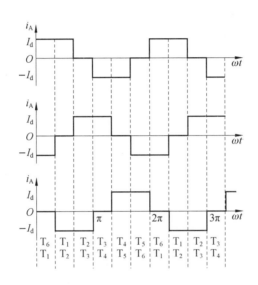

图 4-12 三相桥式电流型逆变电路的输出电流波形

4. 负载数量关系分析

输出电流的基波有效值 I_{01} 和直流电流 I_d 的关系式为:

$$u_{AN'} = \frac{U_d}{2} \tag{4.12}$$

4.3.3 电流型逆变电路的特点

(1) 直流侧串联大电感,直流电流基本无脉动,相当于电流源。

(2) 交流侧用电容吸收换流时负载电感的能量。这种电路的换流方式一般有脉冲换流和负载换流。

(3) 交流侧输出电流为矩形波,与负载阻抗角无关。输出电压波形和相位因负载不同而不同。

(4) 直流侧电感起到缓冲无功能量的作用,因电流不能反向,故晶闸管两端不需要并联二极管。

(5) 开关器件不能承受高的反向电压,需在各开关器件支路串入耐高反向电压的二极管。

实训 4.1　单相逆变电路的构建与调试

(一)实训目的

熟悉单相交直交变频电路的组成,重点熟悉其中的单相桥式 PWM 逆变电路中元器件的作用、工作原理,对单相交直交变频电路驱动电机时的工作情况及其波形作全面分析,并研究正弦波的频率和幅值及三角波载波频率与电机机械特性的关系。

(二)实训内容

(1) 测量 SPWM 波形产生过程中的各点波形。

(2) 观察变频电路驱动电机时的输出波形。

(3) 观察电机工作情况。

(三)实训设备及仪器

(1) 电力电子及电气传动主控制屏。

(2) MCL-22 组件。

(3) MEL-03 组件。

(4) MEL-11 挂箱。

(5) 直流电机 M03。

(6) 双踪示波器。

(7) 万用表。

4.1　单相逆变电路的构建与调试

(四)实训原理

单相逆变电路的主电路如图 4-13 所示。

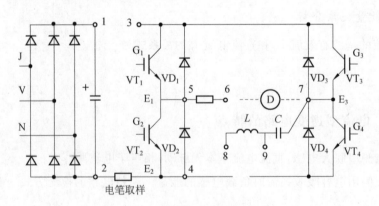

图 4-13　单相逆变电路的主电路

本实训中主电路中间直流电压 U_d 由交流电整流而得,而逆变部分别采用单相桥式 PWM 逆变电路。逆变电路中功率开关器件采用 600 V8 A 的 IGBT 单管(含反向二极管,型号为 ITH08C06),IGBT 的驱动电路采用美国国际整流器公司生产的大规模 MOSFET 和

IGBT 专用驱动集成电路 1R2110,控制电路如图 4-14 所示,以单片集成函数发生器 ICL8038 为核心组成,生成两路 PWM 信号,分别用于控制 T_1、T_4 和 T_2、T_3 两对 IGBT。ICL8038 仅需很小的外部元件就可以正常工作,用于发生正弦波、三角波、方波等,频率范围为 0.001～500 kHz。

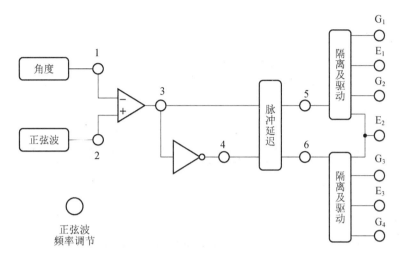

图 4-14　控制电路

(五)实训方法

1.SPWM 波形的观察

(1)观察正弦波发生电路输出的正弦信号 U_r 波形("2"端与"地"端),改变正弦波频率调节电位器,测试其频率可调范围。

(2)观察三角形载波 U_c 的波形("1"端与"地"端),测出其频率,并观察 U_c 和 U_2 的对应关系。

(3)观察经过三角波和正弦波比较后得到的 SPWM 波形("3"端与"地"端)。

2.逻辑延时时间的测试

将"SPWM 波形发生"电路的 3 端与"DLD"的 1 端相连,用双踪示波器同时观察"DLD"的 1 和 2 端波形,并记录延时时间 T_d。

3.同一桥臂上下管子驱动信号死区时间测试

分别将"隔离驱动"的 G 和主回路的 G' 相连,用双踪示波器分别同时测量 G_1、E_1 和 G_2、E_2,G_3、E_3 和 G_4、E_2 的死区时间。

4.不同负载时波形的观察

先断开主电源和开关 S_1,将主电路的 1、3 端相连。

(1)当负载为电阻时(6、7 端接一电阻),观察负载电压的波形,记录其波形、幅值、频率。在正弦波 U_r 的频率可调范围内,改变 U_r 的频率,记录相应的负载电压、波形、幅值和频率。

(2)当负载为电阻电感时(6、8 端相联,9 端和 7 端接一电阻),观察负载电压和负载电流的波形。

（3）电机调速（6、7端与电机电枢的主绕组两端相连）时，按下左下角的开关 S₁，给电机加上驱动信号，改变正弦波频率调节电位器，观察电机转速的变化，并记录几组电机的转速与正弦波频率的数据。

（六）实训作业

（1）画出三角波、正弦波和SPWM输出波形。

（2）分析逻辑延时时间和死区时间。

（3）画出电阻电感负载下负载电压和负载电流的波形。

（4）根据检测数据分析电机的转速与正弦波频率的关系。

任务2 逆变电路中SPWM技术的应用

在逆变电路中，对开关晶体管的控制往往采用PWM脉宽调制控制方式。

4.4 PWM控制的基本原理

1. PWM控制的理论基础

在采样控制理论中有一个重要结论：冲量（脉冲的面积）相等而形状不同的窄脉冲（如图4-15所示），分别加在具有惯性环节的输入端（如图4-16所示），其输出响应波形基本相同（如图4-17所示），也就是说尽管脉冲形状不同，但只要脉冲的面积相等，其作用的效果基本相同。这就是PWM控制的重要理论依据。

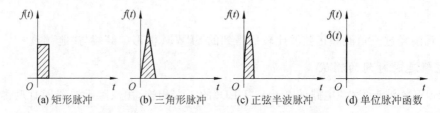

(a) 矩形脉冲　　(b) 三角形脉冲　　(c) 正弦半波脉冲　　(d) 单位脉冲函数

图4-15　形状不同而冲量相同的各种窄脉冲

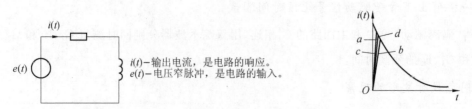

$i(t)$-输出电流，是电路的响应。
$e(t)$-电压窄脉冲，是电路的输入。

图4-16　惯性环节电路图　　　**图4-17　冲量相等的各种窄脉冲的响应波形**

把直流电转换成正弦波交流电是根据面积等效原理，将图4-18中的正弦半波（曲线）分成 n 等份，把正弦半波看成是由 n 个彼此相连的矩形脉冲组成的波形，为简单清晰，划分为7

等份。7个脉冲的幅值按正弦规律变化,每个脉冲面积与相对应的正弦波部分面积相同,这一连续脉冲就等效于正弦波。

如果把上述脉冲序列改为相同数量的等幅而不等宽的矩形脉冲,脉冲中心位置不变,并且使该矩形脉冲面积和图 4-18(a)对应的矩形脉冲相同,得到图 4-18(b)所示的脉冲序列,脉冲宽度按正弦波规律变化,这就是 PWM 波形。根据面积等效原理,PWM 波形和正弦半波是等效的,图中曲线就是该序列波形的平均值。

对于正弦波的负半周,也可以用同样的方法得到 PWM 波形。这种脉冲的宽度按正弦规律变化而和正弦波等效的 PWM 波形,也称 SP-WM(sinusoidal PWM)波形。

在 PWM 波形中,各脉冲的幅值是相等的,若要改变输出电压等效正弦波的幅值,只要按同一比例改变脉冲列中各脉冲的宽度即可。

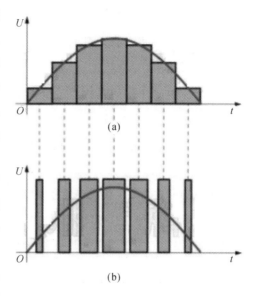

图 4-18 用面积等效原理转换为 SPWM 波形

2.逆变电路 SPWM 控制的实质

逆变电路 SPWM 控制的实质是对逆变电路开关器件的通断进行控制,使输出端得到一系列幅值相等而宽度不相等的脉冲,用这些脉冲来代替正弦波或者其他所需要的波形,如图4-19所示。

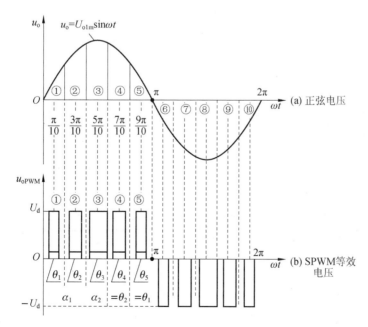

图 4-19 SPWM 电压等效正弦电压

4.5　逆变电路的 SPWM 控制技术

如果将逆变电路中的开关器件采用相控方式控制,那么输出电压都是方波交流电压,输出电压中除基波外将含有大量的高次谐波,对负载不利。采用 PWM 技术就能够很好地解决这一问题。

下面分别介绍单相和三相 PWM 型逆变电路的控制方法与工作原理。

1. 单相桥式逆变电路的 SPWM 控制

单相桥式逆变电路采用 GTR 作为逆变电路的自关断开关器件。按照 PWM 控制的基本原理,如果给定了正弦波频率、幅值和半个周期内的脉冲个数,PWM 波形各脉冲的宽度和间隔就可以准确地计算出来。依据计算结果来控制逆变电路中各开关器件的通断,就可以得到所需要的 PWM 波形,但是这种计算很烦琐,较为实用的方法是采用调制电路控制,如图 4-20 所示,把所希望输出的正弦波作为调制信号 u_r,把接受调制的等腰三角形波作为载波信号 u_c。

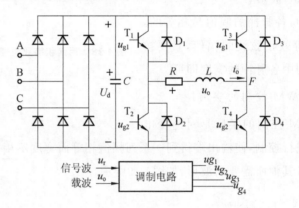

图 4-20　单相桥式 PWM 逆变电路

调制电路对应的控制方法可以有单极性与双极性两种。

1) 单极性 PWM 控制方式

三角载波只在一个方向变化,得到的 PWM 波形也只在一个方向变化的控制方式称为单极性 SPWM 控制方式。如图 4-21 所示,载波信号 u_c 在信号波正半周为正极性的三角波,在负半周为负极性的三角波,调制信号 u_r 和载波 u_c 的交点时刻控制逆变器晶体管 T_3、T_4 的通断。

具体控制过程如下。

(1) 在 u_r 的正半周期,T_1 保持导通,T_4 交替通断。当 $u_r > u_c$ 时,使 T_4 导通,负载电压 $u_o = U_d$;当 $u_r < u_c$ 时,使 T_4 关断,由于电感负载中电流不能突变,负载电流将通过 D_3 续流,负载电压 $u_o = 0$。

(2) 在 u_r 的负半周,保持 T_2 导通,使 T_3 交替通断。当 $u_r < u_c$ 时,使 T_3 导通,$u_o = -U_d$;当 $u_r > u_c$ 时,使 T_3 关断,负载电流将通过 D_4 续流,负载电压 $u_o = 0$。

逆变电路输出的 u_o 为 PWM 波形,如图 4-21 所示,u_{of} 为 u_o 的基波分量。

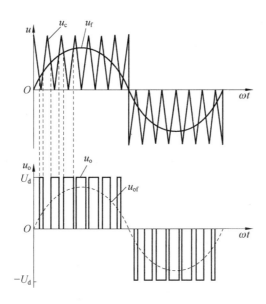

图 4-21 单极性 PWM 控制方式原理波形

调节调制信号 u_r 的幅值可以使输出调制脉冲宽度作相应的变化,这能改变逆变器输出电压的基波幅值,从而可实现对输出电压的平滑调节;改变调制信号 u_r 的频率则可以改变输出电压的频率。所以,从调节的角度来看,SPWM 逆变器非常适合于交流变频调速系统。

2)双极性 PWM 控制方式

电路仍然如图 4-20 所示,调制信号 u_r 仍然是正弦波,而载波信号 u_c 改为正负两个方向变化的等腰三角形波,如图 4-22 所示。三角载波是正负两个方向变化,所得到的 SPWM 波形也是在正负两个方向变化控制方式。

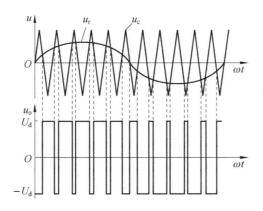

图 4-22 双极性 PWM 控制方式原理波形

具体控制过程如下。

(1)在 u_r 正半周,当 $u_r > u_c$ 时,使 T_1、T_4 导通,而 T_2、T_3 关断,负载电压 $u_o = U_d$。当 $u_r < u_c$ 时,使 T_2、T_3 导通,而 T_1、T_4 关断,负载电压 $u_o = -U_d$。这样逆变电路输出的 u_o 为两个方向变化等幅不等宽的脉冲列。

(2)在 u_r 负半周,当 $u_r < u_c$ 时,使 T_2、T_3 导通,而 T_1、T_4 关断,负载电压 $u_o = -U_d$。当 u_r

$>u_c$ 时,使 T_1、T_4 导通,而 T_2、T_3 关断,负载电压 $u_o = U_d$。

双极性 PWM 控制的输出 u_o 波形如图 4-22 所示,它为两个方向变化等幅不等宽的脉列。

这种控制方式的特点如下。

(1) 同一平桥上下两个桥臂晶体管的驱动信号极性恰好相反,处于互补工作方式。

(2) 电感性负载时,若 T_1 和 T_4 处于通态,给 T_1 和 T_4 以关断信号,则 T_1 和 T_4 立即关断,而给 T_2 和 T_3 以导通信号,由于电感性负载电流不能突变,电流减小感生的电动势使 T_2 和 T_3 不可能立即导通,而是二极管 D_2 和 D_3 导通续流,如果续流能维持到下一次 T_1 与 T_4 重新导通,则负载电流方向始终没有变,T_2 和 T_3 始终未导通。只有在负载电流较小无法连续续流的情况下,在负载电流下降至零,D_2 和 D_3 续流完毕,T_2 和 T_3 导通,负载电流才反向流过负载。但是不论是 D_2、D_3 导通还是 T_2、T_3 导通,u_o 均为 $-U_d$。从 T_2、T_3 导通向 T_1、T_4 切换情况也类似。

在双极性控制方式中,三角载波 u_c 在正负两个方向变化,所得到的 SPWM 波形也在正负两个方向变化。在 u_r 的一个周期内,PWM 输出只有 $\pm U_d$ 两种电平。逆变电路同一相上下两臂的驱动信号是互补的。在实际应用时,为了防止上下两个桥臂同时导通而造成短路,在给一个臂施加关断信号后,再延迟 Δt 时间,然后给另一个臂施加导通信号。延迟时间的长短取决于功率开关器件的关断时间。需要指出的是,这个延迟时间将会给输出的 PWM 波形带来不利影响,使其偏离正弦波。

2. 三相桥式 PWM 逆变电路的 SPWM 控制

电路如图 4-23(a)所示,同样采用 GTR 作为逆变电路的自关断开关器件。A、B、C 三相的 PWM 控制共用一个三角波载波信号 u_c,三相调制信号 u_{rA}、u_{rB}、u_{rC} 分别为三相正弦信号,其幅值和频率均相等,相位依次相差 $120°$。A、B、C 三相 PWM 控制规律相同。

设控制方法为双极性方式。其工作过程分析如下。

以 A 相为例,当 $u_{rA} > u_c$ 时,使 T_1 导通,T_4 关断,则 A 相相对于直流电源假想中点 N' 的输出电压为 $u_{AN'} = \dfrac{U_d}{2}$;当 $u_{rA} < u_c$ 时,使 T_1 关断,T_4 导通,则 $u_{AN'} = -\dfrac{U_d}{2}$。

T_1、T_4 的驱动信号始终互补。其余两相控制规律相同。当给 $T_1(T_4)$ 加导通信号时,可能是 $T_1(T_4)$ 导通,也可能是 $D_1(D_4)$ 续流导通,这取决于阻感负载中电流的方向。输出相电压和线电压的波形如图 4-23(b)所示。

SPWM 控制的逆变电路有如下优点。

(1) 可以得到接近正弦波的输出电压,满足负载需要。

(2) 整流电路采用二极管整流,可获得较高的功率因数。

(3) 只用一级可控的功率环节,电路结构简单。

(4) 通过对输出脉冲宽度控制就可改变输出电压的大小,大大加快了逆变器的动态响应速度。

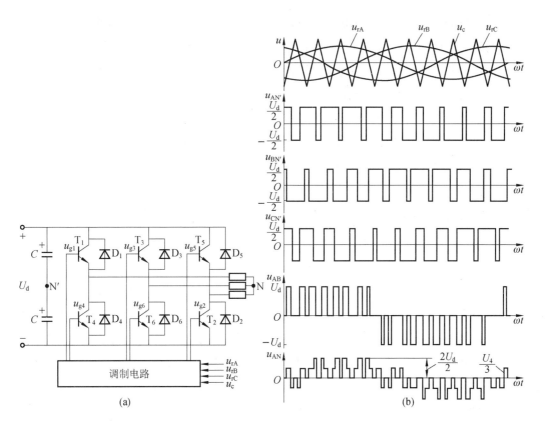

图 4-23 三相桥式电压型 PWM 控制方式的逆变电路及输出波形

SPWM 逆变器输出的正弦波交流电压 u_{of} 的峰值 u_{ofm} 小于输入的直流电压 u_d，把 u_{ofm}/u_d 称为直流电压利用率。对于三相 SPWM 逆变器，直流电压利用率理论值最大为 0.866，实际上由于种种原因，直流电压利用率要小于 0.866。输出线电压（有效值）为 380 V 三相交流电的逆变电路输入直流电压要高于 620 V。对于单相 SPWM 电路，直流电压利用率的理论值最大为 1，实际上直流电压利用率要小于 1。对于车载逆变器，输出相电压（有效值）为 220 V 单相交流电的逆变电路输入直流电压必须高于 310 V。

4.6 逆变电路的 SPWM 调制方式

逆变电路的 SPWM 调制方式有以下三种。

1. 模拟信号调制法

过去采用模拟电路产生调制信号，用精密而高速的电压比较器对 u_r 和 u_c 进行比较，当两电压相等时及时控制开关晶体管进行通断切换，但模拟电路结构复杂，也难以实现精确控制。

2. 软件生成法

采用微处理器直接计算出控制点称为软件生产法，由于微机技术的发展使得用软件生成 SPWM 波形变得比较容易，因此，软件生成法也就应运而生。软件生成法其实就是用软件来实现调制的方法，其有两种基本算法，即自然采样法和规则采样法。

自然采样法是以正弦波为调制波,等腰三角波为载波进行比较,在两个波形的自然交点时刻控制开关器件的通断,这就是自然采样法。其优点是所得 SPWM 波形最接近正弦波,但由于三角波与正弦波交点有任意性,脉冲中心在一个周期内不等距,从而脉宽表达式是一个超越方程,计算烦琐,难以实时控制。

规则采样法是一种应用较广的工程实用方法,一般采用三角波作为载波。其原理就是用三角波对正弦波进行采样得到阶梯波,再以阶梯波与三角波的交点时刻控制开关器件的通断,从而实现 SPWM 法。当三角波只在其顶点(或底点)位置对正弦波进行采样时,由阶梯波与三角波的交点所确定的脉宽,在一个载波周期(即采样周期)内的位置是对称的,这种方法称为对称规则采样法。当三角波既在其顶点又在底点时刻对正弦波进行采样时,由阶梯波与三角波的交点所确定的脉宽,在一个载波周期(此时为采样周期的两倍)内的位置一般并不对称,这种方法称为非对称规则采样法。

规则采样法是对自然采样法的改进,其主要优点就是计算简单,便于在线实时运算,其中非对称规则采样法因阶数多而使其波形更接近正弦波。其缺点是直流电压利用率较低,线性控制范围较小。

除上述两种方法外,还有一种方法叫作等面积法。该方法实际上就是 SPWM 法原理的直接阐释,用同样数量的等幅而不等宽的矩形脉冲序列代替正弦波,然后计算各脉冲的宽度和间隔,并把这些数据存于微机中,通过查表的方式生成 PWM 信号控制开关器件的通断,以达到预期的目的。由于此方法是以 SPWM 控制的基本原理为出发点,可以准确地计算出各开关器件的通断时刻,其所得的波形很接近正弦波,但其存在计算烦琐、数据占用内存大、不能实时控制的缺点。

3. 硬件调制法

现在已有专用的集成电路用来产生 SPWM 调制信号,微处理器仅对其发出输出频率、电压等参数就可产生高精度控制信号,输出完好的正弦波,微处理器就有很多时间对整个逆变器进行检测、保护等控制。这种方式电路简单、效果好、可靠性高,是目前广泛使用的控制方法。

硬件调制法是为解决等面积法计算烦琐的缺点而提出的,其原理就是把所希望的波形作为调制信号,把接受调制的信号作为载波,通过对载波的调制得到所期望的 PWM 波形。通常采用等腰三角波作为载波,当调制信号波为正弦波时,所得到的就是 SPWM 波形。其实现方法简单,可以用模拟电路构成三角波载波和正弦调制波发生电路,用比较器来确定它们的交点,在交点时刻对开关器件的通断进行控制,就可以生成 SPWM 波。而且随着电力电子技术的发展,现在已经产生了多种可以产生 SPWM 波的芯片,如 TL494、SG3525A 等,这些集成芯片的出现使得电路的设计大大简化,而且功能更加齐全。

4.7　逆变电路的保护、滤波环节

从理论上讲,三角波(载波)频率越高,输出波形越接近正弦波。实际上,开关管的通断变化虽然很快,但仍需要一定的时间,在这个时间段里,开关管要承受高电压、大电流的冲击,功耗很大,高频率切换不但加大损耗降低电源效率,还可能使管子发热烧毁。一般逆变器的载波频率为几千赫兹,小功率的频率高些,大功率逆变器的频率低些。

因此实际应用中,还需要设置多种保护电路,如输入过压、欠压保护电路,输出过压、过流保护电路和过热保护电路等。

SPWM 波形由方波组成,含有较多谐波成分,必须采用输出滤波器使输出波形正弦化。

图 4-24 是滤波器常用的 4 种类型,要根据用户电路的特性选用,最常用的还是图 4-24(b)所示的 LC 滤波器。要选择合适的 L 值与 C 值,如果设计不当,反过来会降低系统的动态性能,甚至使系统不稳定。

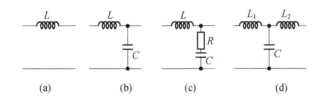

(a) (b) (c) (d)

图 4-24 常用滤波器

实训 4.2 SPWM、UPW 波形触发电路信号观测

(一)实训目的

(1) 了解 SPWM 同步移相触发电路产生的脉冲信号与占空比调节方法。

(2) 掌握 UPW 同步移相触发电路的调试方法。

(二)实训所需挂件及附件

(1) 电力电子教学试验台主控制屏(该控制屏包含 SPWM、UPW 等几个触发信号模块)。

(2) MCL-22 组件(该组件包含"锯齿波同步移相触发电路"等模块)。

(3) 双踪示波器。

(三)实训内容

(1) 正弦波同步移相触发电路的调试。

(2) 直流波同步移相触发电路各点波形的观察和分析。

(四)实训方法

1. UPW 波形的观察

按下开关 S_1。

(1) 锯齿波周期与幅值测量(分开关 S_2、S_3、S_4 合上与断开多种情况)。测量"1"端。

(2) 输出最大与最小占空比测量。用示波器观察"2"端的波形,调节 UPW 的电位器 R_p,即改变触发脉冲的占空比,观察脉冲波形的变化。

2. SPWM 波形的观察

按下左下方的开关 S_5。

（1）观察"SPWM 波形发生"电路输出的正弦信号 U_r 波形（2 端与地端），改变正弦波频率调节电位器，测试其频率可调范围。

（2）观察三角形载波 U_c 的波形（1 端与地端），测出其频率，并观察 U_c 和 U_r 的对应关系。

（3）观察经过三角波和正弦波比较后得到的 SPWM（3 端与地端）。

3.逻辑延时时间的测试

将"UPW 波形发生"电路的 2 端与"DLD"的 1 端相连，用双踪示波器同时观察"DLD"的 1 端和 2 端波形，并记录延时时间 T_d。

（五）实训作业

（1）整理、描绘实验中记录的各点波形，并标出其幅值和宽度。

（2）总结两个同步移相触发电路移相范围的调试方法。

◀ 任务3　谐振式逆变电路的应用 ▶

无源逆变器还有一个非常传统的工业应用，就是作为中高频感应加热电源的一部分用在金属熔炼、透热、热处理和焊接等生产过程中。

1.感应加热的原理

中高频感应加热电源是一种利用功率开关器件把三相工频电流变换成某一频率的中高频电流的装置，图 4-25 是常见的感应加热装置。

中高频感应加热电源的原理是 1831 年英国物理学家法拉第发现的电磁感应现象。其内容为当电路围绕的区域内存在交变的磁场时，电路两端就会感应出电动势，如果闭合就会产生感应电流。电流的热效应可用来加热。

如图 4-26 所示，在第一个线圈中突然接通直流电流（即将图 4-26 中开关 S 突然合上）或突然切断电流（即将图 4-26 中开关 S 突然打开），此时在第二个线圈所接的电流表中可以看出有某一方向或反方向的摆动，这种现象称为电磁感应现象。第二个线圈中的电流称为感应电流，第一个线圈称为感应线圈。若第一个线圈的开关 S 不断地接通和断开，则在第二个线圈中也将不断地感应出电流。每秒内通断次数越多（即通断频率越高），则感生电流将会越大。若第一个线圈中通以交流电流，则第二个线圈中也感应出交流电流。不论第二个线圈的匝数为多少，即使只有一匝也会感应出电流。如果第二个线圈的直径略小于第一个线圈的直径，并将它置于第一个线圈之内，则这种电磁感应现象更为明显，因为这时两个线圈耦合得更为紧密。如果在一个钢管上绕了感应线圈，钢管可以看作有一匝直接短接的第二线圈。当感应线圈内通以交流电流时，在钢管中将感应出电流，从而产生交变的磁场，再利用交变磁场来产生涡流达到加热的效果。平常在 50 Hz 的交流电流下，这种感生电流不是很大，所产生的热量使钢管温度略有升高，不足以使钢管加热到热加工所需温度（常为

1200℃左右)。如果增大电流和提高频率(相当于提高了开关 S 的通断频率)都可以增强发热效果,则钢管温度就会升高。控制感应线圈内电流的大小和频率,可以将钢管加热到所需温度进行各种热加工。所以感应电源通常需要输出高频大电流。

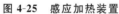

图 4-25　感应加热装置

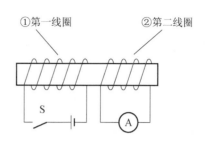

①第一线圈　　②第二线圈

图 4-26　电磁感应

目前利用高频电源来加热通常有两种方法:一种是电介质加热,利用高频电压(比如微波炉加热等);第二种是感应加热,利用高频电流(比如密封包装等)。

1) 电介质加热(dielectric heating)

电介质加热通常用来加热不导电材料,比如木材、橡胶等。微波炉就是利用这个原理,如图 4-27 所示。

当高频电压加在两极板层上,就会在两极之间产生交变的电场。需要加热的介质处于交变的电场中,介质中的极分子或者离子就会随着电场做同频的旋转或振动,从而产生热量,达到加热的效果。

2) 感应加热(induction heating)

感应加热原理为产生交变的电流,从而产生交变的磁场,再利用交变磁场来产生涡流达到加热的效果,如图 4-28 所示。

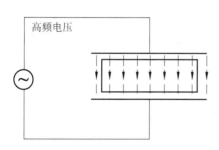

图 4-27　电介质加热示意图

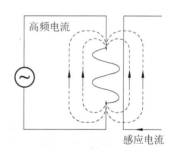

图 4-28　感应加热示意图

感应加热与其他的加热方式,如燃气加热、电阻炉加热等不同,它把电能直接从工件内部变成热能,将工件加热。而其他的加热方式是先加热工件表面,然后把热再传导加热内部。

2.中高频感应加热电源的用途

感应加热的最大特点是将工件直接加热,工人劳动条件好、工件加热速度快、温度容易控制,因此应用非常广泛。感应加热主要用于淬火、透热、熔炼、各种热处理等方面。

1）淬火

淬火热处理工艺在机械工业和国防工业中得到了广泛的应用。它是将工件加热到一定温度后再快速冷却下来，以此增加工件的硬度和耐磨性。图4-29所示为中高频电源对螺丝刀口淬火。

2）透热

在加热过程中使整个工件的内部和表面温度大致相等，叫作透热。透热主要用在锻造弯管等加工前的加热等。中高频电源用于弯管的过程如图4-30所示。在钢管待弯部分套上感应圈，通入中高频电流后，在套有感应圈的钢管上的带形区域内被中高频电流加热，经过一定时间，温度升高到塑性状态，便可以进行弯制了。

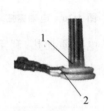

图4-29　螺丝刀口淬火

1—螺丝刀口；2—感应线圈

图4-30　弯管的工作过程

1—感应线圈；2—钢管

3）熔炼

中高频电源在熔炼中的应用最早，图4-31所示为中高频感应熔炼炉，线圈用铜管绕成，里面通水冷却。线圈中通过中高频交流电流就可以使炉中的炉料加热、熔化，并将液态金属再加热到所需温度。

4）钎焊

钎焊是将钎焊料加热到融化温度而使两个或几个零件连接在一起，通常的锡焊和铜焊都是钎焊。如图4-32所示为铜洁具钎焊。钎焊主要应用于机械加工、采矿、钻探、木材加工等行业使用的硬质合金车刀、洗刀、刨刀、铰刀、锯片、锯齿的焊接，以及金刚石锯片、刀具、磨具钻具、刃具的焊接。还有其他金属材料的复合焊接，如眼镜部件、铜部件、不锈钢锅等。

图4-31　中高频感应熔炼炉

1—感应线圈；2—金属溶液

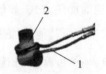

图4-32　铜洁具钎焊

1—感应线圈；2—零件

3. 中高频感应加热电源的组成

目前应用较多的中高频感应电源主要由可控或不可控整流电路、滤波器、逆变器和一些控制保护电路组成。工作时,三相工频(50 Hz)交流电经整流器整流成脉动直流,经过滤波器变成平滑的直流电送到逆变器,逆变器把直流电转变成频率较高的交流电流送给负载。组成框图如图 4-33 所示。

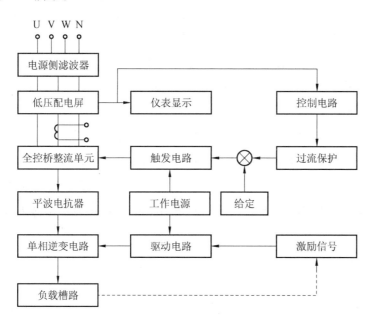

图 4-33 中高频感应电源组成框图

其中的逆变电路由逆变晶闸管、感应线圈、补偿电容共同组成,将直流电变成中高频交流电送给负载。为了提高电路的功率因数,需要协调电容器向感应加热负载提供无功能量。根据电容器与感应线圈的连接方式可以把逆变器分为以下几种。

(1)串联谐振式逆变器:电容器与感应线圈组成串联谐振电路。

(2)并联谐振式逆变器:电容器与感应线圈组成并联谐振电路。

(3)串、并联谐振式逆变器:综合以上两种逆变器的特点。

4. 两种基本谐振式逆变电路的区别

并联谐振式电源采用的逆变器是并联谐振式逆变器,其负载为并联谐振负载,通常需电流源供电。在感应加热中,电流源通常由整流器加一个大电感构成。由于电感值较大,可以近似认为逆变器输入端电流固定不变。交替开通和关断逆变器上的开关器件就可以在逆变器的输出端获得交变的方波电流,其电流幅值取决于逆变器的输入端电流值,频率取决于器件的开关频率。

串联谐振式电源采用的逆变器是串联谐振逆变器,其负载为串联谐振负载。通常需电压源供电,在感应加热中,电压源通常由整流器加一个大电容构成。由于电容值较大,可以近似认为逆变器输入端电压固定不变。交替开通和关断逆变器上的开关器件就可以在逆变器的输出端获得交变的方波电压,其电压幅值取决于逆变器的输入端电压值,频率取决于器件的开关频率。

串联谐振逆变器和并联谐振逆变器的差别,源于它们所用的振荡电路不同,前者是用L、R和C串联,后者是用L、R和C并联。

除此之外,两种电路的主要特征对比如下。

(1)串联谐振逆变器的输入电压恒定,输出电流近似正弦波,输出电压为矩形波,换流是在晶闸管上电流过零以后进行,因而电流总是超前于电压φ角。

并联谐振逆变器的输入电流恒定,输出电压近似正弦波,输出电流为矩形波,换流是在谐振电容器上电压过零以前进行,负载电流也总是超前于电压φ角。这就是说,两者都是工作在容性负载状态。

(2)串联谐振逆变器在换流时,晶闸管是自然关断的,关断前其电流已逐渐减少到零,因而关断时间短,损耗小。在换流时,关断的晶闸管受反压的时间较长。

并联谐振逆变器在换流时,晶闸管是在全电流运行中被强迫关断的,电流被迫降至零以后还需加一段反压时间,因而关断时间较长。相比之下,串联谐振逆变器更适宜于在工作频率较高的感应加热装置中使用。

(3)串联谐振逆变器启动较容易,适用于频繁启动工作的场所;而并联谐振逆变器需附加启动电路,启动较为困难,启动时间长。至今仍在研究并联谐振逆变器的启动问题。

串联谐振逆变器晶闸管暂时丢失脉冲,会使振荡停止,但不会造成逆变颠覆。而并联谐振逆变器晶闸管偶尔丢失触发脉冲时,仍可维持振荡。

(4)串联谐振逆变器并接大的滤波电容器,当逆变失败时,浪涌电流大,保护困难。但随着保护手段的不断完善以及器件模块本身也自带保护功能,串联谐振逆变器的保护不再是难题。

并联谐振逆变器串接大电抗器,但在逆变失败时,由于电流受大电抗限制,冲击不大,较易保护。

(5)串联谐振逆变器感应线圈上的电压和补偿电容器上的电压,都为谐振逆变器输出电压的Q倍。当Q值变化时,电压变化比较大,所以对负载的变化适应性差。流过感应线圈上的电流,等于谐振逆变器的输出电流。

并联谐振逆变器的感应线圈和补偿电容器上的电压,都等于逆变器的输出电压,而流过它们的电流,则都是逆变器输出电流的Q倍。逆变器器件关断时,将承受较高的正向电压,器件的电压参数要求较高。

(6)串联谐振逆变器的感应加热线圈与逆变电源(包括补偿电容器)的距离较远时,对输出功率的影响较小。而对并联谐振逆变器来说,感应加热线圈应尽量靠近电源(特别是补偿电容器),否则功率输出和效率都会大幅度降低。

5.中高频感应加热电源的逆变电路

1）并联谐振式逆变电路

（1）电路结构。

电容 C 和电感 L、电阻 R 并联构成并联谐振电路。桥臂串入 4 个电感器，用来限制晶闸管开通时的电流上升率 di/dt。$T_1 \sim T_4$ 以 1000～5000 Hz 的中高频轮流导通，可以在负载得到中高频电流。

本电路采用负载换流，即要求负载电流超前电压一定的角度，因此，补偿电容应使负载过补偿，使负载电路工作在容性小失谐情况下。电路原理图如图 4-34 所示。

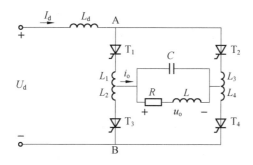

图 4-34 并联谐振式逆变电路

（2）工作原理。

并联谐振式逆变电路属电流型，故输出的电流波形接近矩形波，含有基波和高次谐波，且谐波的幅值小于基波的幅值。波形如图 4-35 所示。

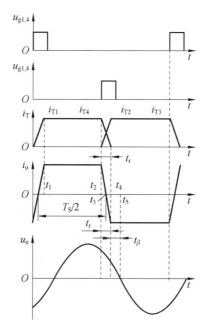

图 4-35 并联谐振式逆变电路工作波形

工作时晶闸管交替触发的频率应接近负载电路谐振频率,故负载对基波呈现高阻抗,而对谐波呈现低阻抗,谐波在负载电路上几乎不产生压降,因此,负载电压波形为正弦波。又因基波频率稍大于负载谐振频率,负载电路呈容性,i_o超前电压u_o一定角度,达到自动换流关断晶闸管的目的。具体过程如图 4-36 所示。

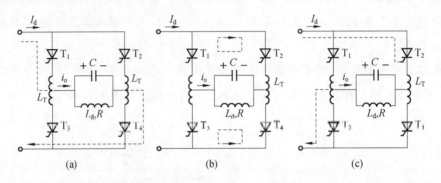

图 4-36 并联谐振式逆变电路换流的工作过程

(3) 逆变电路换流的工作过程。

一个周期中,有两个导通阶段和两个换流阶段。

$t_1 \sim t_2$阶段,T_1、T_4处于稳定导通阶段,$i_o = I_d$;t_2时刻以前在电容C建立左正右负的电压。

$t_2 \sim t_4$阶段:t_2时刻触发T_2、T_3,进入换流阶段。

L_T使T_1、T_4不能立即关断,电流有一个减小的过程。T_2、T_3的电流有一个增大的过程。4 只晶闸管全部导通。负载电容电压经过两个并联的放电回路放电。一条是L_1—T_1—T_2—L_2—C,另一条是L_3—T_3—T_4—L_4—C。由于时间短和大电感L_d的恒流作用,电源不会短路。

$t = t_4$时刻,T_1、T_4的电流减小到零而关断,直流侧电流I_d全部从T_1、T_4转移到T_2、T_3,换流过程结束。$t_2 \sim t_4$称为换流时间。t_3时刻位于$t_2 \sim t_4$的中间位置。

T_1、T_4中的电流下降到零以后,还需一段时间后才能恢复正向阻断能力,因此换流结束以后,还要使T_1、T_4承受一段反压时间t_β才能保证可靠关断。$t_\beta = t_5 - t_4$应大于晶闸管关断时间t_q。

为了可靠关断晶闸管,不导致逆变失败,必须在输出电压u_0过零前t_f时刻触发T_2、T_3,称t_f为触发引前时间。为了安全起见,必须使

$$t_f = t_r + k t_q \tag{4.13}$$

式中:k为大于 1 的安全系数,一般取为 2~3。

负载阻抗角φ由负载电流与电压的相位差决定,从图 4-35 可知:

$$\varphi = \omega\left(\frac{t_r}{2} + t_\beta\right) \tag{4.14}$$

式中:ω为电路的工作频率。

（4）参数计算。

如果不计换流时间，输出电流的傅里叶展开式为

$$i_o = \frac{4I_d}{\pi}\left(\sin\omega t + \frac{1}{3}\sin 3\omega t + \frac{1}{5}\sin 5\omega t + \cdots\right) \tag{4.15}$$

其中基波电流的有效值为

$$I_{o1} = \frac{4I_d}{\sqrt{2}\pi} = 0.9I_d \tag{4.16}$$

逆变电路的输入功率 P_i 为

$$P_i = U_d I_d \tag{4.17}$$

逆变电路的输出功率 P_o 为

$$P_o = U_o I_{o1}\cos\varphi \tag{4.18}$$

因为 $P_o = P_i$，于是可求得负载电压的有效值与直流输出电压的关系为

$$U_o = \frac{\pi U_d}{2\sqrt{2}\cos\varphi} = 1.11\frac{U_d}{\cos\varphi} \tag{4.19}$$

实际工作过程中，感应线圈的参数随时间变化，必须使工作频率适应负载的变化而自动调整。这种工做方式称为自激工作方式。

固定工作频率的控制方式称为他激方式。自激方式存在启动问题。一般的解决方法是先用他激方式，到系统启动以后再转为自激方式；附加预充电启动电路。

2）串联谐振式逆变电路

（1）电路结构。

串联谐振逆变器也称为电压型逆变器，其原理图如图 4-37 所示。

其直流侧采用大电容滤波，从而构成电压型逆变电路。电路为了续流，设置了反并联二极管 D_1 ~D_4。补偿电容 C 和负载电感线圈构成串联谐振电路。为了实现负载换流，要求补偿以后的总负载呈容性。

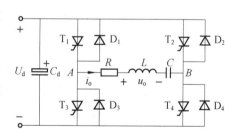

图 4-37 串联谐振式逆变电路

（2）工作原理。

如图 4-38 所示，串联谐振逆变器的输出电压为近似方波，由于电路工作在谐振频率附近，使振荡电路对于基波具有最小阻抗，所以负载电流 i_o 近似为正弦波。同时，为避免逆变器上、下桥臂间的直通，换流必须遵循先关断后导通的原则，在关断与导通间必须留有足够的死区时间。

0~t_1 阶段：设晶闸管 T_1、T_4 导通，电流从 A 流向 B，u_o 左正右负。由于电流超前电压，当 $t = t_1$ 时，电流为零。

t_1~t_2 阶段：当 $t > t_1$ 时，电流反向。由于 T_2、T_3 未导通，反向电流通过二极管 D_1、D_4 续流，T_1、T_4 承受反压关断。

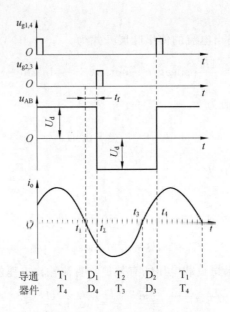

图 4-38　串联谐振式逆变电路的工作波形图

$t_2 \sim t_3$ 阶段：当 $t = t_2$ 时，触发 T_2、T_3，负载两端电压极性反向，即左负右正，D_1、D_4 截止，电流从 T_2、T_3 中流过。

$t_3 \sim t_4$ 阶段：当 $t > t_3$ 时，电流再次反向，电流通过 D_2、D_3 续流，T_2、T_3 承受反压关断。当 $t = t_4$ 时，再触发 T_2、T_3。

二极管导通时间 t_f 即为晶闸管反压时间，要使晶闸管可靠关断，t_f 应大于晶闸管关断时间 t_q。

【思考题】

4.1　什么是电压型和电流型逆变电路？各有何特点？

4.2　电压型逆变电路中的反馈二极管的作用是什么？

4.3　为什么在电流型逆变电路的可控器件上要串联二极管？

4.4　感应加热的基本原理是什么？加热效果与电源频率大小有什么关系？

4.5　中高频感应加热与普通的加热装置比较有哪些优点？中高频感应加热能否用来加热由绝缘材料构成的工件？

4.6　中高频感应加热电源主要应用在哪些场合？

4.7　逆变电路常用的换流方式有哪几种？

4.8　单相并联谐振逆变电路中的并联电容有什么作用？电容补偿为什么要过补偿一点？

4.9　单相并联谐振逆变电路中，为什么必须要有足够长的引前触发时间 t_f。

4.10　单相串联谐振逆变电路利用负载进行换相，为保证换相应满足什么条件？

4.11 并联谐振型逆变电路利用负载电压进行换流,为了保证换流成功应满足什么条件?

4.12 三相桥式电压型逆变电路采用180°导电方式,当其直流侧电压 $U_d=100$ V 时。

(1) 求输出相电压基波幅值和有效值;

(2) 求输出线电压基波幅值和有效值;

(3) 输出线电压中五次谐波的有效值。

4.13 全控型器件组成的电压型三相桥式逆变电路能否构成120°导电型? 为什么?

4.14 如图 4-39 所示的全桥逆变电路,如负载为 RLC 串联,$R=10$ Ω,$L=31.8$ mH,$C_d=159$ μF,逆变器频率 $f=100$ Hz,$U_d=110$ V、求:

(1) 基波电流的有效值;

(2) 负载电流的谐波系数。

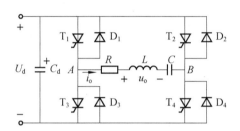

图 4-39 题 4.14 图

4.15 在上题所示的单相全桥逆变电路中,直流电源 $U_d=300$ V,向 $R=5$ Ω、$L=0.02$ H的阻感性负载供电。若输出波形为近似方波,占空比 $D=0.8$,工作频率为 60 Hz,试确定负载电流波形,并分析谐波含量。计算时可略去换相的影响和逆变电路的损耗。试求对应于每种谐波的负载功率。

4.16 试说明 PWM 控制的工作原理。

4.17 单极性和双极性 PWM 调制有什么区别?

4.18 试说明 PWM 控制的逆变电路有何优点?

恒温电烙铁的安装与调试

电烙铁利用电流热效应,通过加压使电热丝发热,快速熔化锡丝实现焊接。它是电子制作和电器维修的必备工具,主要用途是焊接电子元件、五金线材及其他一些金属物体。电烙铁主要由手柄、发热丝、烙铁嘴和电源线组成,辅助材料有松香和锡丝。电烙铁的种类有很多,我们常用的有如下几种。

1. 普通电烙铁

如图 5-1 所示,这种电烙铁功率是固定的,它的缺点是温度不确定,长时间使用会使温度升高,从而烧坏电烙铁,损坏烙铁头。

2. 恒温电烙铁

如图 5-2 所示,这种电烙铁内装有磁铁式温度控制器,通过控制通电时间来实现温控。

当给电烙铁通电时,电烙铁的温度上升,当达到预定的温度时,因强磁体传感器达到了居里点(19 世纪末,著名物理学家皮埃尔·居里(居里夫人的丈夫)在自己的实验室里发现磁石的一个物理特性,就是当将磁石加热到一定温度时,原来的磁性就会消失。后来,人们把这个温度叫"居里点")。而磁性消失,使得磁芯开关的触点断开,这时便停止向电烙铁供电;当温度低于强磁体传感器的居里点时,强磁体便恢复磁性,并吸动磁芯开关中的永久磁铁,使磁芯开关的触点接通,继续向电烙铁供电。如此循环往复,便达到了控制温度的目的。

恒温电烙铁的种类较多,烙铁芯一般采用 PTC 元件。此类型的烙铁头不仅能恒温,而且可以防静电、防感应电,能直接焊 CMOS 器件。高档恒温电烙铁附加的控制装置上带有烙铁头温度的数字显示(简称数显)装置,显示温度高达 400 ℃。烙铁头带有温度传感器,在控制器上可由人工改变焊接时的温度。若改变恒温点,烙铁头很快就可达到新的设置温度。

3. 调温电烙铁

手机维修中,经常要更换电路板上的元件,这时需要使用电烙铁,且对它的要求也很高。这是因为手机的元件采用表面贴装工艺,体积小,集成化很高,印制电路精细,焊盘小。若电烙铁选择不当,在焊接过程中很容易造成人为故障,如虚焊、短路甚至焊坏电路板,所以要尽可能选用高档一些的电烙铁,如用恒温调温防静电电烙铁。比较常用的调温电烙铁是 936 型调温电烙铁,如图 5-3 所示。

图 5-4、图 5-5 所示分别是调温电烙铁温度控制检测及显示模块,图 5-6 所示是这两个模块的连接电路图。

图 5-1　普通电烙铁

图 5-2　恒温电烙铁

图 5-3　936 型调温电烙铁

图 5-4　调温电烙铁温度控制模块

图 5-5　调温电烙铁检测及显示模块

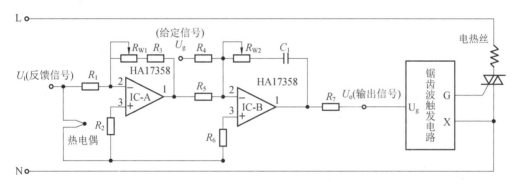

图 5-6　调温电烙铁电路原理图

下面我们将从主电路中的双向晶闸管开始了解这个电路的工作原理。

任务 1　单相交流调压电路的构建与调试

5.1　认识双向晶闸管

1.基本结构

双向晶闸管的外形与普通晶闸管类似,有小电流塑封式、螺栓式、平板式。就其内部而言,双向晶闸管是一种具有 NPNPN 五层结构的三端器件。它有两个主电极 T_1、T_2,一个门极 G,其外形如图 5-7 所示。

双向晶闸管的内部结构、等效电路、图形符号及伏安特性如图 5-8 所示。

由图 5-8(a)、(b)可见,双向晶闸管相当于两个晶闸管($P_1N_1P_2N_2$ 和 $P_2N_1P_1N_4$)反并联,

(a) 小电流塑封式　　　　(b) 螺栓式　　　　　　　　(c) 平板式

图 5-7　双向晶闸管的外形

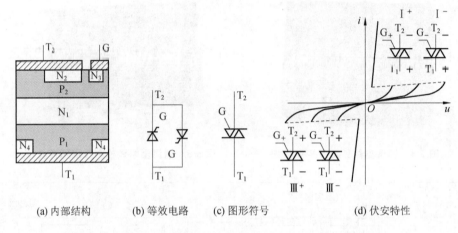

(a) 内部结构　　　(b) 等效电路　　　(c) 图形符号　　　(d) 伏安特性

图 5-8　双向晶闸管内部结构、等效电路、图形符号及伏安特性

不过它只有一个门极 G，由于 N_3 区的存在，无论门极 G 相对于 T_1 端是正的还是负的，都能被触发，而且 T_1 相对于 T_2 既可以是正，也可以是负。由于正反两方向均可触发导通，所以双向晶闸管在第 I 和第 III 象限有对称的伏安特性，如图 5-8(d) 所示。

常见的双向晶闸管引脚排列如图 5-9 所示。

2. 主要参数

双向晶闸管的主要参数中只有额定电流与普通晶闸管有所不同，其他参数定义与普通晶闸管相似。由于双向晶闸管工作在交流电路中，正反向电流都可以流过，所以它的额定电流不用平均值而用有效值来表示。定义为：在标准散热条件下，当器件的单向导通角大于170°，允许流过器件的最大交流正弦电流的有效值，用 $I_{T(RMS)}$ 表示。双向晶闸管额定电流与普通晶闸管额定电流之间的换算关系式为

$$I_{T(AV)} = \frac{\sqrt{2}}{\pi} I_{T(RMS)} = 0.45 I_{T(RMS)} \tag{5.1}$$

以此推算，一个 100 A 的双向晶闸管与两个反并联 45 A 的普通晶闸管电流容量相等。

3. 型号的命名

国产双向晶闸管用 KS 表示。如型号 KS50-9-21 表示额定电流 50 A，额定电压 10 级（1000 V），断态电压临界上升率 du/dt 为 2 级（不小于 200 V/μs），换向电流临界下降率 di/dt 为 1 级（不小于 $1\% I_{T(RMS)}$）的双向晶闸管。

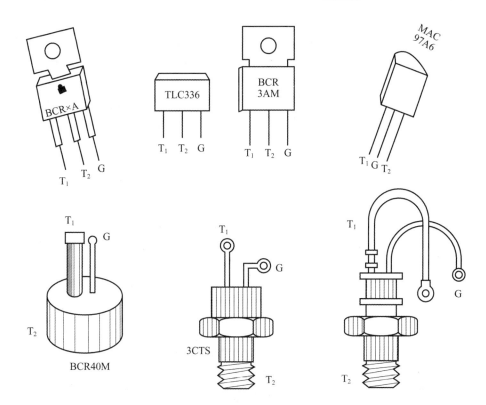

图 5-9　常见的双向晶闸管引脚排列

4. 判别好坏的方法

如果将万用表置于"R×1k"挡测得 T_2 与 T_1、T_2 与 G 之间的正反向电阻接近无穷大,而将万用表置于"R×10"挡测得 T_2 与 G 之间的正反向电阻为几十欧姆,说明该双向晶闸管是好的,可以使用,否则说明已经损坏。

5. 触发电路

1) 简易触发电路

事实上,双向晶闸管也经常用于交流调速系统中,如无级调速风扇。图 5-10 是常见的无级调速风扇电路图,旋动旋钮 R_P 便可以调节电风扇的速度。

调速风扇主电路由双向晶闸管和单相交流电机构成,同时在双向晶闸管两端并接了 RC 元件,利用电容两端电压不能瞬时突变,作为双向晶闸管关断过电压的保护措施。

接通电源后,电容 C_1 充电,当电容 C_1 两端电压的峰值达到氖管 HL 的阻断电压时,HL 亮,双向晶闸管 VT 被触发导通,电扇转动。改变电位器 R_P 的大小,即改变了 C_1 的充电时间常数,使 VT 的导通角发生变化,也就改变了电动机两端的电压,因此电扇的转速改变。由于 R_P 是无级变化的,因此电扇的转速也是无级变化的。

2) 单结晶体管触发电路

图 5-11 为由单结晶体管触发的交流调压电路,调节 R_P 阻值可改变负载 R_L 上电压的大小。

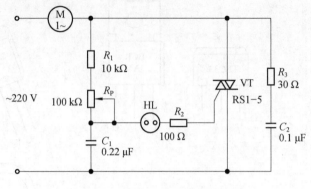

图 5-10　双向晶闸管的简易触发电路

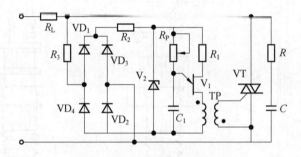

图 5-11　用单结晶体管组成的触发电路

3）集成触发器

图 5-12 所示为 KC06 组成的双向晶闸管移相交流调压电路。该电路主要适用于交流电源直接供电的双向晶闸管或反并联普通晶闸管的交流移相控制。R_{P1} 用于调节触发电路锯齿波的斜率；R_4、C_3 用于调节脉冲宽度；R_{P2} 为移相控制电位器，用于调节输出电压的大小。

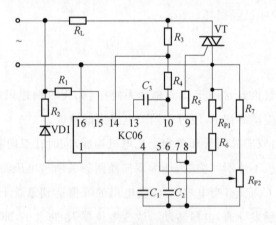

图 5-12　集成触发器

5.2　交流变换电路

交流变换电路是改变交流电能参数（幅值、频率、相位）的电路，根据变换参数的不同可分为以下几种。

1. 交流电力控制电路

交流电力控制电路的功能是维持频率不变,只改变输出电压的幅值。它具体又可分为以下几种。

1) 交流调压电路

通过控制晶闸管在每个电源周期内导通角的大小(相位控制)来调节输出电压的大小,可实现交流调压。交流调压电路的结构有单相交流调压和三相交流调压两种。单相交流调压常用于小功率单相电动机控制、灯光调节（如舞台灯光控制）和电加热控制;三相交流调压输出的是三相恒频变压交流电能,通常用于给三相异步电动机供电,实现异步电动机的变压调速或软启动。

2) 交流调功电路

通过控制晶闸管整周波的通、断(通断控制)可调节交流电的输出功率,这种电路称为交流调功电路。交流调功电路主要应用于时间常数很大的负载,如电炉的温度控制等。

2. 交-交变频电路

交-交变频电路也称为直接变频电路,它的主要功能是不通过中间环节将电网频率的交流电直接变换成较低频率的交流电。它在直接变频的同时也可实现电压变换,即直接实现降频、降压变换。交-交变频器的主要内容将在项目六变频器中详细介绍。

5.3 单相交流调压电路

图 5-13(a)所示为单相交流调压主电路,图中可用双向晶闸管,也可用两只反并联的普通晶闸管,但需要两组独立的触发电路分别控制两只晶闸管。

在电源正半周,T_1 被触发导通,电源的正半周施加到负载上。在电源负半周,T_2 被触发导通,电源负半周便加到负载上。电源电压过零,T_1、T_2 交替被触发导通,电源电压全部加到负载。关断 T_1、T_2,电源电压不能加到负载上。T_1、T_2 构成交流无触点开关。

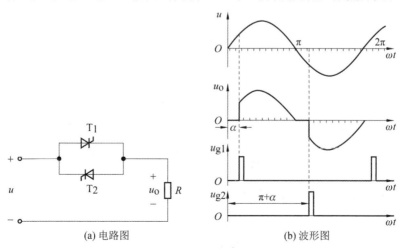

(a) 电路图　　　　　　　(b) 波形图

图 5-13　单相交流调压电阻性负载电路及波形

1. 电阻性负载

图 5-13(a)所示为相控调压,输出波形如图 5-13(b)所示。

在电源电压正半周,晶闸管 T_1 承受正向电压,当 $\omega t = \alpha$ 时,触发 T_1 使其导通,负载上得到缺 α 角的正弦正半波电压。当电源电压过零时,T_1 管电流下降为零而关断。在电源电压负半周,晶闸管 T_2 承受正向电压,当 $\omega t = \pi + \alpha$ 时,触发 T_2 使其导通,负载上得到缺 α 角的正弦负半波电压。持续这样控制,在负载电阻上便得到每半波缺 α 角的正弦电压。改变 α 角的大小,便改变了输出电压有效值的大小,达到了交流调压的目的。

负载电压的有效值为

$$u_o = \sqrt{\frac{1}{\pi}\int_\alpha^\pi \left[\sqrt{2}U\sin(\omega t)\right]^2 \mathrm{d}(\omega t)} = U\sqrt{\frac{1}{2\pi}\sin\left(2\alpha + \frac{\pi-\alpha}{\pi}\right)} \tag{5.2}$$

负载电流的有效值为

$$I_o = \frac{U_o}{R} = \frac{U}{R}\sqrt{\frac{1}{2\pi}\sin\left(2\alpha + \frac{\pi-\alpha}{\pi}\right)} \tag{5.3}$$

调压器的功率因数为

$$\mathrm{PF} = \frac{U_o I_o}{UI_o} = \frac{U_o}{U} = \sqrt{\frac{1}{2\pi}\sin\left(2\alpha + \frac{\pi-\alpha}{\pi}\right)} \tag{5.4}$$

随着 α 角的增大,U_o 逐渐减小。当 $\alpha = \pi$ 时,$U_o = 0$。因此,单相交流电压器对于电阻性负载,电压可调范围为 $0\sim U$,控制角 α 的移相范围为 $0\sim\pi$。

单相交流调压电路带电阻性负载时,输出电压波形正负半波对称,不含直流分量和偶次谐波。

因此输出电压的表达式为

$$u_o(\omega t) = \sum_{n=1,3,5,\cdots}^\infty \left\{\left[a_n\cos(n\omega t) + b_n\sin(n\omega t)\right]\right\} \tag{5.5}$$

其中

$$a_1 = \frac{\sqrt{2}U_1}{2\pi}\left[\cos(2\alpha) - 1\right] \qquad b_1 = \frac{\sqrt{2}U_1}{2\pi}\left[\sin(2\alpha) + 2(\pi-\alpha)\right]$$

$$a_n = \frac{\sqrt{2}U_1}{\pi}\left\{\frac{1}{n+1}\{\cos[(n+1)\alpha] - 1\} - \frac{1}{n-1}\{\cos[(n-1)\alpha] - 1\}\right\} \qquad (n = 3,5,7,\cdots)$$

$$b_n = \frac{\sqrt{2}U_1}{\pi}\left\{\frac{1}{n+1}\{\sin[(n+1)\alpha]\} - \frac{1}{n-1}\{\sin[(n-1)\alpha]\}\right\} \qquad (n = 3,5,7,\cdots)$$

基波和各次谐波有效值为

$$U_{on} = \frac{1}{\sqrt{2}}\sqrt{a_n^2 + b_n^2} \tag{5.6}$$

负载电流基波和各次谐波有效值为

$$I_{on} = \frac{U_{on}}{R} \tag{5.7}$$

式中 $n=1$ 为基波,$n=3,5,7,\cdots$ 为奇次谐波。随着谐波次数 n 的增加,谐波含量减少。

2.电感性负载

图 5-14 所示为电感性负载的交流调压电路及其波形。由于电感的作用,在电源电压由正向负过零时,负载中电流要滞后一定 φ 角度才能到零,即管子要继续导通到电源电压的负半周才能关断。晶闸管的导通角 θ 不仅与控制角 α 有关,而且与负载阻抗角 φ 有关。控制角越小则导通角越大,负载阻抗角 φ 越大,表明负载感抗大,自感电动势使电流过零的时间越长,因而导通角 θ 越大。

其中,负载阻抗角为

$$\varphi = \arctan(\omega L / R) \tag{5.8}$$

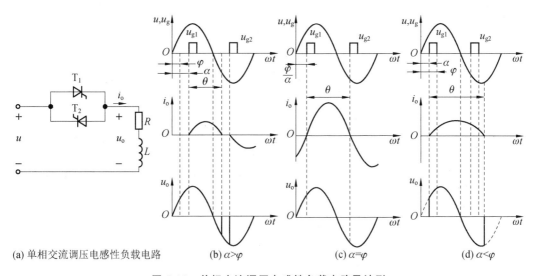

(a) 单相交流调压电感性负载电路   (b) $\alpha > \varphi$ (c) $\alpha = \varphi$ (d) $\alpha < \varphi$

图 5-14 单相交流调压电感性负载电路及波形

下面分三种情况加以讨论。

1) $\alpha > \varphi$

当 $\alpha > \varphi$ 时,$\theta < 180°$,即正负半周电流断续,且 α 越大,θ 越小。可见,α 在 $\varphi \sim 180°$ 范围内,交流电压连续可调。电流电压波形如图 5-14(b)所示。

负载电压的有效值 U_o、晶闸管电流平均值 I_{dT}、电流有效值 I_T 以及负载电流有效值 I_o 分别为

$$U_o = \sqrt{\frac{1}{\pi} \int_{\alpha}^{\alpha+\theta} [\sqrt{2}U\sin(\omega t)]^2 \, d(\omega t)} = U\sqrt{\frac{\theta + \sin(2\alpha) - \sin[2(\alpha+\theta)]}{\pi}} \tag{5.9}$$

$$I_{dT} = \frac{1}{2\pi} \int_{\alpha}^{\alpha+\theta} \left[\sin(\omega t - \varphi) - \sin(\alpha - \varphi) e^{-\frac{\omega t - \alpha}{\tan\varphi}} \right] d(\omega t) \tag{5.10}$$

$$I_T = \sqrt{\frac{1}{2\pi} \int_{\alpha}^{\alpha+\theta} \left(\frac{\sqrt{2}U}{Z}\right)^2 \left[\sin(\omega t - \varphi) - \sin(\alpha - \varphi) e^{-\frac{\omega t - \alpha}{\tan\varphi}} \right] d(\omega t)}$$

$$= \frac{U}{Z} \sqrt{\frac{\theta}{\pi} - \frac{\sin\theta \cos(2\alpha + \varphi + \theta)}{\cos\varphi}} \tag{5.11}$$

$$I_o = \sqrt{2} I_T \tag{5.12}$$

2) $\alpha=\varphi$

当 $\alpha=\varphi$ 时，$\theta=180°$，即正负半周电流临界连续。此时，晶闸管轮流导通，相当于晶闸管失去控制。负载电流处于连续状态，为完全的正弦波，如图 5-14(c)所示。

3) $\alpha<\varphi$

在此种情况下，若开始给 T_1 管以触发脉冲，T_1 管导通，而且 $\theta>180°$。如果触发脉冲为窄脉冲，如图 5-15 所示，当 u_{g2} 出现时，T_1 管的电流还未到零，T_1 管关不断，T_2 管不能导通。

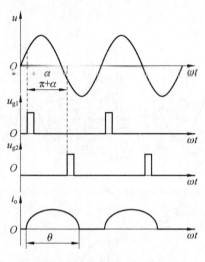

图 5-15　窄脉冲触发时的工作波形

当 T_1 管电流到零关断时，u_{g2} 脉冲已消失，此时 T_2 管虽已受正压，但也无法导通。到第三个半波时，u_{g1} 又触发 T_1 导通。这样负载电流只有正半波部分，出现很大直流分量，电路不能正常工作。因而接电感性负载时，晶闸管不能用窄脉冲触发，可采用宽脉冲或脉冲列触发。

采用宽脉冲触发，开始时 T_1 的导通角超过 π，T_2 导通角小于 π。随后发生衰减，T_1 导通时间渐短，T_2 的导通时间渐长，逐渐形成完整的正弦波，如图 5-14(d)所示。

综上所述，单相交流调压有如下特点。

(1) 接电阻性负载时，负载电流波形与单相桥式可控整流交流侧电流一致。改变控制角 α 可以连续改变负载电压有效值，达到交流调压的目的。

(2) 接电感性负载时，不能用窄脉冲触发，否则当 $\alpha<\varphi$ 时，一只晶闸管无法导通，产生很大直流分量电流，烧毁熔断器或晶闸管。

(3) 接电感性负载时，最小控制角 $\alpha_{\min}=\varphi$(阻抗角)。所以 α 的移相范围为 $\varphi\sim180°$，电阻负载时移相范围为 $0\sim180°$。

实训 5.1　单相交流调压电路的构建与调试

(一)实训目的

(1) 加深理解单相交流调压电路的工作原理。

(2) 加深理解双向晶闸管的工作原理及触发导通条件。

(二)实训内容

单相交流调压带电阻性负载。

(三)实训设备及仪器

(1) 电力电子及电气传动平台控制屏。

(2) MCLMK-11 双向晶闸管模块。

(3) MCLMK-03 锯齿波触发电路模块。

(4) MCLMK-12 灯泡负载模块。

5.1　单相交流
调压电路的
构建与调试

（5）DLDZ-09 电阻性负载。

（6）双踪示波器。

（四）实训步骤

（1）检查各实训设备外观及质量是否良好。

（2）把主控屏上 7 V、7 V、0 V 同步电压接到锯齿波触发电路模块的 1、3、2 三个输入端，主控屏上 DL-CX-004 的 ±15 V、GND 直流电源接到锯齿波触发电路模块 ±15 V、GND 金属二号接线柱上。将锯齿波触发脉冲的 K_1 与 K_3 并联、G_1 与 G_3 并联后接到双向可控硅的 T_2 和 G 端，并按图 5-16 所示连接主回路。

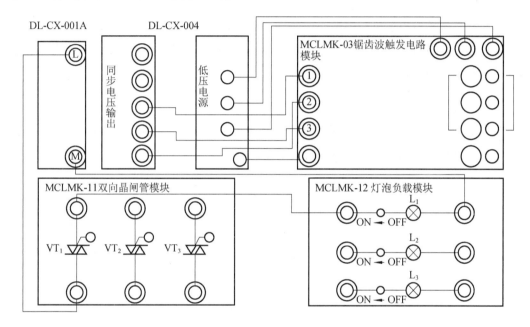

图 5-16 单相双向晶闸管交流调压电路接线图

（3）合上漏电保护断路器 QF，合上主控屏上的总电源开关。

（4）同时调节锯齿波触发电路上的电位器 R_{P1} 和 R_{P3}，调节锯齿波的斜率，使两路触发脉冲相差 180°，旋转电位器 R_{P2}，调节锯齿波的移相，用示波器观察输出触发脉冲的变化情况及调压输出波形。接灯泡负载，旋转电位器 R_{P2}，调节锯齿波的移相，观察灯泡亮度的变化。

（5）电路连接时可在负载回路串联一个交流电流表，同时并联一个交流电压表，将锯齿波触发电路上的电位器 R_{P2} 移相至 180°，在调节 DL-CX-004 中 R_{P1} 旋钮的过程中观察表读数的变化。

（6）负载可为单个灯泡，在调节 DL-CX-004 中 R_{P1} 旋钮的过程中观察灯泡亮度的变化；也可为 450 Ω 电阻或 700 mH 电抗器，通过示波器观察整流电压波形的不同。

（7）关断主控屏上的总电源开关，断开漏电保护断路器。

（五）思考

（1）双向晶闸管用负脉冲触发与正脉冲触发有何不同？

（2）双向晶闸管和两个单向晶闸管单相交流调压电路有什么区别？

（3）为什么选择 K_1G_1 和 K_3G_3 分别连到反并联晶闸管 T_1、T_4 的两端？还可以选择哪两路触发脉冲加到晶闸管 T_1、T_4 的两端？

◀ 任务2 三相交流调压电路的构建与调试 ▶

5.4 三相交流调压电路

单相交流调压适用于单相容量小的负载，当交流功率调节容量较大时通常采用三相交流调压电路，如三相电热管、电解与电镀等设备。三相交流调压电路的接线形式很多，各有特点，常用的有三相四线制和三相三线制。

1. 三相四线制调压电路

图 5-17 所示为由三个独立的单相交流调压电路组成的三相交流调压电路，由于带有中性线，因此被称为三相四线制调压电路。

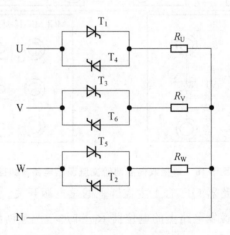

图 5-17 三相四线制调压电路

三相四线制调压电路工作时相当于三个单相交流调压电路的组合，三相互相错开 $120°$。同相间两管的触发脉冲互差 $180°$，各晶闸管导通顺序为 $T_1 \sim T_6$，依次间隔 $60°$。由于存在中性线，只要一只晶闸管导通，负载上就有电流流过，因此可采用窄脉冲触发。该电路的特点是基波和 3 倍次以外的谐波在三相之间流动，不流过中性线，而三次谐波流过中性线且谐波电流较大。控制角 $\alpha = 90°$ 时，中性线电流甚至和各相电流的有效值接近，因此中性线的导线截面要求与相线一致。若变压器采用三柱式结构，则三次谐波磁通不能在铁芯中形成通路，产生较大的漏磁通，引起发热和噪声。该电路中晶闸管上承受的峰值电压为 $\sqrt{\frac{2}{3}}U_L$（U_L 为线电压）。

2.三相三线制调压电路

图 5-18 所示为三相三线制调压电路,负载可连接成△形或 Y 形。由于没有中性线,必须保证两相晶闸管同时导通,负载中才有电流流过。

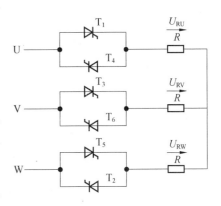

与三相全控桥式整流电路一样,晶闸管的触发电路必须采用双脉冲,或者宽度大于 60°的单脉冲,六只晶闸管的门极触发脉冲顺序为 $T_1 \sim T_6$,依次间隔 60°。相位控制时,电源相电压过零处定为控制角的起点($\alpha = 0°$),α 角移相范围是 0°～150°。三相三线制调压电路输出谐波含量

图 5-18　三相三线制调压电路

低,无三次谐波。值得注意的是,随着 α 的改变,电路中晶闸管的导通模式也改变。

从三相三线制调压电路的结构来看,任何时候电路只可能是下列三种情况中的一种。

① 三相全不通,调压器开路,各相负载的电压都为零。

② 三相全导通,调压器直通,则各相负载的电压是所接的相电压。

③ 其中二相导通,接电阻负载时,导通相负载上的电压是该两相线电压的 1/2,非导通相负载的电压为零;接电动机类负载时,可由电动机的约束条件(电动机方程)来推得各相的电压值。

因此,只要能判别各晶闸管的通断情况,就能确定该电路的导通相数,也就能得到该时刻的负载电压值,判别一个周波就能得到负载电压波形,根据波形就可分析交流调压器的各种工况。

(1) $\alpha = 0°$ 时,电路处于"三相导通"模式,每管导通 180°。

由图 5-19 可见,$\alpha = 0°$ 时调压电路处于三相导通即恒直通的状态,三相负载电压为各自的电源相电压。电路只在 $\alpha = 0°$ 时才处于"三相导通"模式。

(2) $0° < \alpha < 60°$ 时,电路处于"三相与二相轮流导通"模式,每管导通 $180° - \alpha$。

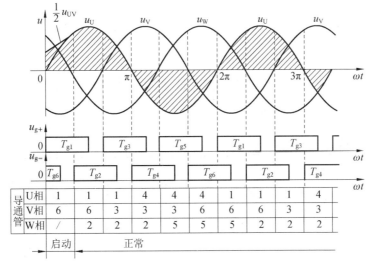

图 5-19　$\alpha = 0°$ 时负载相电压波形和晶闸管导通情况

由图 5-20 可以看出,U 相的关断时刻是在 U 相的相电压过零时刻,这是因为在关断前有三相导通,各相负载受到的是各相自己的相电压,相电压过零时电流也过零,从而使晶闸管关断。U 相的开通时刻是在 U 相的触发信号到来的时刻。此时电路处于"三相与二相轮流导通"模式。

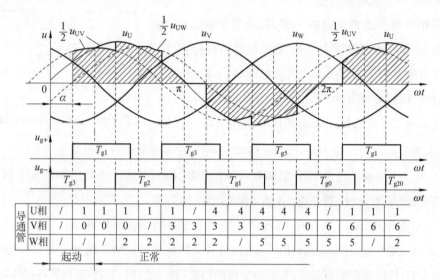

图 5-20　$\alpha=30°$ 时负载相电压波形和晶闸管导通情况

（3）$60°\leqslant\alpha\leqslant90°$ 时,电路处于"二相导通"模式,每管导通 $120°$。

由图 5-21(a)、(b)可以看出以下几点。

① $\alpha=60°$ 是由"三相与二相轮流导通"向"二相导通"的转变点。

② $\alpha=90°$ 时的工作情况与 $\alpha=60°$ 时类似,电路也一直在二相导通状态下工作。

（4）$90°<\alpha<150°$ 时,电路以"二相断续导通"的方式工作,每管导通 $300°-2\alpha$。

由图 5-21(c)可以看出:$\alpha=120°$ 时,电路以"二相断续导通"的方式工作。

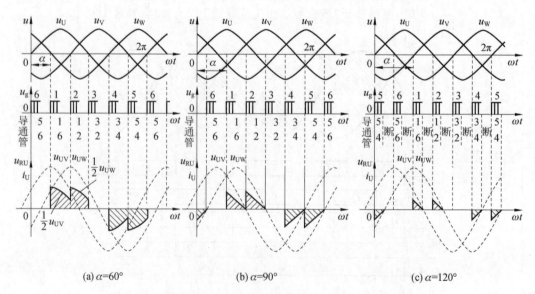

(a) $\alpha=60°$　　　　　(b) $\alpha=90°$　　　　　(c) $\alpha=120°$

图 5-21　$\alpha=60°$、$90°$、$120°$ 时负载相电压波形和晶闸管导通情况

（5）$\alpha > 150°$时，T_1、T_6承受反压而无法开通，后面的情况相同，以至调压器始终不能开通，输出电压为零。

三相三线制调压电路的优点是：输出谐波含量低，输出电流谐波次数为$6k \pm 1$（$k = 1, 2, 3, \cdots$），和三相桥式全控整流电路交流侧电流所含谐波次数完全相同；和单相交流调压电路相比，没有三次谐波，对邻近的通信线路干扰小，且三相负载对称时，谐波不能流过三相三线制调压电路，因此应用更加广泛。

3. 三相交流调压电路接线方式及性能特点

三相交流调压电路接线方式及性能特点如表 5-1 所示。

表 5-1　三相交流调压电路接线方式及性能特点

电路名称	电路图	晶闸管工作电压（峰值）	晶闸管工作电流（峰值）	移相范围	线路性能特点
星形带中性线的三相交流压		$\sqrt{\dfrac{2}{3}}U_1$	$0.45I_1$	$0° \sim 180°$	1. 是三个单相交流调压电路的组合； 2. 输出电压、电流波形对称； 3. 因有中性线，可流过谐波电流，特别是 3 次谐波电流； 4. 适用于中小容量可接中性线的各种负载
晶闸管与负载连接成内三角形的三相交流调压		$\sqrt{2}U_1$	$0.26I_1$	$0° \sim 150°$	1. 是三个单相交流调压电路的组合； 2. 输出电压、电流波形对称； 3. 与 Y 形连接比较，同容量时，此电路可选电流小、耐压高的晶闸管； 4. 此种接法实际应用较少
三相三线交流调压		$\sqrt{2}U_1$	$0.45I_1$	$0° \sim 150°$	1. 负载对称，且三相皆有电流时，如同三个单相交流调压电路的组合； 2. 应采用双窄脉冲或大于60°的宽脉冲触发； 3. 不存在 3 次谐波电流； 4. 适用于各种负载

电路名称	电 路 图	晶闸管工作电压（峰值）	晶闸管工作电流（峰值）	移相范围	线路性能特点
控制负载中性点的三相交流调压	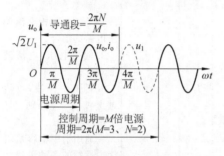	$\sqrt{2}U_1$	$0.68I_1$	$0°\sim210°$	1.线路简单，成本低； 2.适用于三相负载 Y形连接，且中性点能拆开的场合； 3.因线间只有一个晶闸管，属于不对称控制

5.5　交流调功电路

交流调功电路与交流调压电路的电路形式完全相同，只是控制方式不同。

交流调压电路在每个电源周期都对输出电压波形进行控制。交流调功电路是将负载与交流电源接通几个周期，再断开几个周期，通过通断周波数的比值来调节负载所消耗的平均功率。如图 5-22 所示，控制晶闸管在前 N 个周期导通，后 $M-N$ 个周期关断，则负载电压和负载电流（也即电源电流）的周期为 M 倍电源周期。

图 5-22　交流调功电路波形

如在设定周期 T_c 内导通的周波数为 n，每个周波的周期为 $T(f=50\ \text{Hz},T=20\ \text{ms})$，则交流调功电路的输出功率为

$$P = \frac{nT}{T_c}P_n \tag{5.13}$$

交流调功电路输出电压有效值为

$$U = \sqrt{\frac{nT}{T_c}}U_n \tag{5.14}$$

P_n、U_n 分别为在设定周期 T_c 内晶闸管全导通时交流调功电路输出的功率有效值、电压有效值。显然，改变导通的周波数 n 就可改变输出电压或功率。

交流调压电路采用移相触发控制，产生的缺角正弦波中包含较大的高次谐波，对电力系统干扰很大，而交流调功电路采用过零触发（亦称零触发）方式可克服这种缺点。晶闸管过零触发开关是在电源电压为零或接近零的瞬时给晶闸管以触发脉冲使之导通，利用管子电流小于维持电流使管子自行关断。这样，晶闸管的导通角是 2π 的整数倍，不再出现缺角正弦波，因而对外界的电磁干扰最小。

交流调功电路可以用双向晶闸管,也可以用两只晶闸管反并联连接,其触发电路可以采用集成过零触发器,也可利用由分立元件组成的过零触发电路。

虽然过零触发没有移相触发高频干扰的问题,但其通断频率比电源频率低,特别是当通断比较小时,会出现低频干扰,使照明出现人眼能觉察到的闪烁,使电表的指针摇摆等。所以交流调功电路通常用于热惯性较大的电热负载。

实训 5.2 三相交流调压电路的构建与调试

(一)实训目的

(1)加深理解三相交流调压电路的工作原理。

(2)加深理解双向晶闸管的工作原理及触发导通条件。

(3)熟悉三相交流调压接线及工作原理。

(4)熟悉三相调压双硅移相触发器脉冲分配情况。

5.2 三相交流
调压电路的
构建与调试

(二)实训内容

三相交流调压带电阻性负载。

(三)实训设备及仪表

(1)电力电子及电气传动平台控制屏。

(2)MCLMK-11 双向晶闸管模块。

(3)MCLMK-14B 三相调压双硅移相触发器模块。

(4)MCLMK-12 灯泡负载模块。

(5)DLDZ-09 电阻性负载。

(6)双踪示波器。

(四)实训步骤

(1)检查各实训设备外观及质量是否良好。

(2)把主控屏上 U、V、W 三相主电源分别接入三相调压双硅移相触发器模块 R、S、T,将 V_i 接 U_g,地接地,并将脉冲输出端分别接到双向可控硅的触发端,注意此处有 6 路脉冲,将 A_1G_1、A_3G_3 和 A_5G_5 对应接到晶闸管 T_1、T_2、T_3 的 T_1G_1、T_1G_2、T_1G_3 端,按图 5-23 所示实训线路连接主回路。

(3)可在某一路负载回路串联一个交流电流表,同时并联一个交流电压表,在调节 R_P 旋钮的过程中观察表读数的变化。

(4)负载可为三个 Y 形连接的灯泡,在调节 R_P 旋钮的过程中观察灯泡亮度的变化;也可为三个 Y 形连接的 900 Ω 电阻(或 900 Ω 电阻＋700 mH 电抗器),通过示波器观察某一路负载电压波形的不同。

(5)合上漏电保护断路器 QF,合上主控屏上的总电源开关。

（6）调节三相调压双硅移相触发器模块上的电位器 R_P，改变触发脉冲的移相，观察三相交流调压的输出波形。

（7）关断主控屏上的总电源开关，断开漏电保护断路器。

(五)注意事项

因为负载是三相对称负载，所以电路接线图中没有连接中性线，在负载不对称或为安全考虑的情况下，可连接中性线。

(六)思考

三相双硅调压对触发脉冲相位有什么要求？

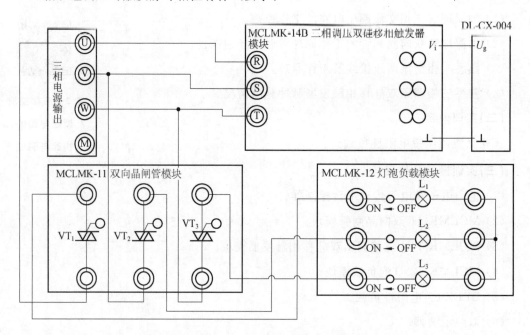

图 5-23   三相双向晶闸管交流调压电路接线图

◀ 任务3   交流调温电路的构建与调试 ▶

5.6   交流调温电路

图 5-6 所示的交流调温电路是恒温电烙铁的常用电路，在设定温度后能自动控制电热丝温度，使其恒定。

图中运算放大器是日立公司生产的 HA17358，这是一块双（2 组）运算放大器芯片。其中 8 脚接电源，4 脚接地，1、2、3 是一组运算放大器，1 脚输出；5、6、7 是一组运算放大器，7 脚输出。HA17358 与 LM358 功能及用法一样，必要时可替换使用。HA17358 的内部结构和引脚功能图如图 5-24 所示。

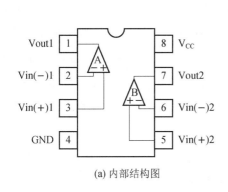

引脚	功能
1	运放A输出
2	运放A反相输入
3	运放A同相输出
4	地
5	运放B同相输入
6	运放B反相输入
7	运放B输出
8	电源U_{CC}

(a) 内部结构图   (b) 引脚功能图

图 5-24 HA17358 的内部结构和引脚功能图

调温主电路是单相交流调压电路。温度控制电路采集电热丝当前温度对应的电压值 U_t 作为反馈信号。HA17358 将反馈信号 U_t 放大后与给定信号 U_g 比较,比较的结果再次被放大后生成输出信号 U_o,作为锯齿波触发电路的给定信号控制脉冲信号,从而控制双向晶闸管的通断。由于构成了闭环回路,这个电路在设定温度后能自动控制电热丝温度,使其恒定。

实训 5.3 交流调温电路的构建与调试

(一)实训目的

(1)熟悉锯齿波触发电路的工作原理及各元件的作用。

(2)掌握锯齿波触发电路的调试步骤和方法。

(3)了解闭环控制原理。

(二)实训内容

(1)锯齿波触发电路的调试。

(2)锯齿波触发电路输出波形的观察。

5.3 交流调温
电路的构
建与调试

(三)实训设备及仪器

(1)教学实训台主控制屏。

(2)MCLMK-03 锯齿波触发电路模块。

(3)下组件 DL-CX-004 电力电子电源。

(4)MCLMK-WJ-01 温度检测显示模块。

(5)MCLMK-WK-01 温度控制模块。

(6)DLDZ-09 电阻性负载。

(7)导线若干。

(8)双踪示波器及万用表(自备)。

(9)MCLMK-11C 反并联晶闸管模块(或 MCLMK-11 双向晶闸管模块)。

(四)实训步骤

(1)把主控屏上 7 V、7 V、0 V 同步电压接到锯齿波触发电路模块的 1、3、2 输入端,主控屏上 DL-CX-004 上的 ± 15 V 直流电源接到 MCLMK-03 锯齿波触发电路模块，调节 MCLMK-03 锯齿波触发电路模块上的电位器 R_{P1} 和 R_{P3}，调节锯齿波的斜率，旋转电位器 R_{P2}，调节锯齿波的移相，用示波器观察输出脉冲触发角。将模块上的 K_1 输出端和 GND 电源端短接作为地，用示波器探头分别接到 1 输入端和 G_1 输出端，确定脉冲的初始相位。当 $U_g = 0$ 时，调 R_{P2}，要求 α 接近于 $180°$。（此法相当于用转接板观察波形调初相，实际可用前端观察调节）

补充说明：MCLMK-03 的接线和锯齿波触发电路的接线基本一样，只是 U_g 不与 DL-CX-004 的 U_g 连接，将 R_{P2} 调到刚出现脉冲时，相当于 $\alpha = 180°$。

（2）MCLMK-WJ-01 温度检测显示模块调试，接入 DL-CX-004 的 ± 15 V 直流电源，通过钮子开关的切换，温度显示仪表指示设定温度或实时温度。将钮子开关拨到右边，初始显示值为室温，需用小一字起调节线路板背部右边的电位器至当时室温（出厂时已调好），用万用表测量室温转换的电压 U_t。将钮子开关拨到左边，即输入 U_g 设定温度。

（3）MCLMK-WK-01 温度控制模块调试，接入 DL-CX-004 的 ± 15 V 直流电源，U_t 输入 -0.03 V 电压，调节 R_{W1}，测量 U_f 电压，调至 0.8 V 左右，将 R_{W2} 放大倍数逆时针调至最小，测量 U_o 输出，为 0 V 左右。

补充说明：

① 通过 DL-CX-004 的 U_g 接 U_t，地接地，调节 R_{P1}，开关打到负给定，万用表接在 U_g 和地之间，调节 U_t 到 -0.03 V。

② 实际连接时，MCLMK-WK-01 的 U_t 接 MCLMK-WJ-01 的 U_t，地可不接，因为 ± 15 V 的地已经接通。

③ 调节 R_{W1} 时将其调到中间位置，因为 R_{W1} 向右越多值越大，加热时间越长。

（4）将 DL-CX-004 上的 ± 15 V 直流电源接到 MCLMK-03 锯齿波触发电路模块、MCLMK-WJ-01 温度检测显示模块及 MCLMK-WK-01 温度控制模块，然后把 DL-CX-004 模块上的 U_g 端分别接到 MCLMK-WJ-01 温度检测显示模块及 MCLMK-WK-01 温度控制模块上的 U_g 端，同时将 MCLMK-WK-01 中的 U_o 接到 MCLMK-03 的 U_g。主电路的连接若选用 MCLMK-11 模块，则 MCLMK-11 模块上的 T_2 接 MCLMK-03 的 K_1、K_3，G_1 接 MCLMK-03 的 G_1、G_3。

参考图 5-25 接线，连接完整电路。

（5）将电路连接成完整闭环，调节 U_g 电压至 3 V 左右，通过调节 R_{W1} 或 R_{W2} 参数，使系统稳定，可看到检测温度不断上升，直至接近设定温度。同时加热模块附近有炙热感。测试系统的稳定性，可通过外部吹气，干扰加热模块的加热温度，没有干扰后，检测温度调节一段时间后再次接近设定温度，从而达到温度自动调节。（注：通电后调节设定温度用 DL-CX-004 中的 R_{P1}。）

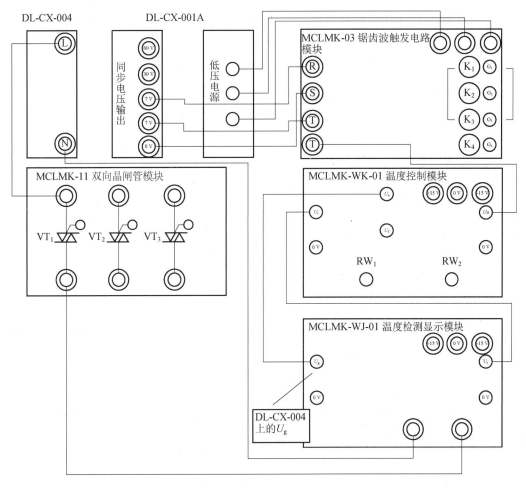

图 5-25   温度控制电路接线图

【思考题】

5.1   双向晶闸管额定电流的定义和普通晶闸管额定电流的定义有何不同？额定电流为 100 A 的两只普通晶闸管反并联可以用额定电流为多少的双向晶闸管代替？

5.2   双向晶闸管有哪几种触发方式？一般选用哪几种？

5.3   说明图 5-26 所示的电路，指出双向晶闸管的触发方式。

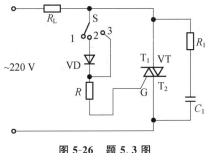

图 5-26   题 5.3 图

5.4　在单相交流调压电路中,当控制角小于负载功率因数角时为什么输出电压不可控?

5.5　晶闸管相控整流电路和晶闸管交流调压电路在控制上有何区别?

5.6　交流调压电路和交流调功电路有何区别?

5.7　一恒温电烙铁由单相交流调压电路供电,$\alpha=0°$时输出功率有最大值,试求功率为80%、50%时的控制角 α。

5.8　单相交流调压电路如图 5-27 所示,$U_2=220$ V,$L=5.516$ mH,$R=1$ Ω,试求:

(1) 控制角 α 的移相范围。

(2) 负载电流最大有效值。

(3) 最大输出功率和功率因数。

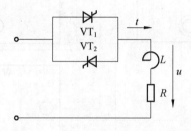

图 5-27　题 5.8 图

5.9　采用双向晶闸管组成的单相调功电路采用过零触发,$U_2=220$ V,负载电阻 $R=1$ Ω,在控制的设定周期 T_c 内,使晶闸管导通 0.3 s,断开 0.2 s。试计算:

(1) 输出电压的有效值。

(2) 负载上所得的平均功率与假定晶闸管一直导通时输出的功率。

变频器的操作与故障检修

变频器是一种静止的频率变换器,可将电网电源的 50 Hz 交流电变成频率可调的交流电,使用变频器可以节能、提高产品质量和劳动生产率等。作为电动机的电源装置,变频器目前在国内外广泛使用。

变频器主要有两大类,一类是交-交变频器,也称周波变流器(cycloconvertor),是把电网频率的交流电直接变成可调频率的交流电的变流电路,属于直接变频电路,广泛用于大功率交流电动机调速传动系统。

另一类是交-直-交变频器,也称为通用变频器,是先将电网频率的交流电变成直流电,然后再变成可调频率的交流电的变流电路,属于间接变频电路,广泛用于中小功率交流电动机调速传动系统,是目前最常用的调速设备。下面我们分别介绍。

◀ 任务1 变频电路的认知 ▶

6.1 交-交变频电路

6.1.1 单相输出交-交变频电路

1.电路结构

如图 6-1(a)所示,由两组输出极性相反的整流电路(正组整流器和反组整流器)反并联构成,通过改变晶闸管的控制角可得到负载端上正下负大小可变的输出电压。

2.工作原理

正组整流器工作(反组被封锁)时,负载端输出电压为上正下负;反组整流器工作时(正组被封锁),负载端输出电压极性相反。只要交替地以低于输入电源的频率切换正反两组整流器的工作状态(工作或封锁),在负载端就可以获得交变的输出电压,正反组交替工作的频率就是输出交流电压的频率。

电路中晶闸管的开通与关断必须采用无环流控制方式,防止两组晶闸管同时导通。

3.对控制角 α 的要求

如果一个周期内控制角 α 固定不变,则输出电压波形为正弦波,如图 6-1(b)所示。矩形波中含有大量谐波,对电动机的工作很不利。如果正组工作时使控制角 α 按正弦规律从 90°

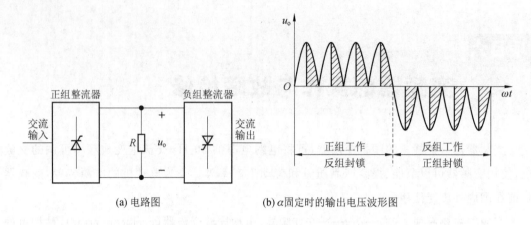

(a) 电路图　　　　　　　(b) α固定时的输出电压波形图

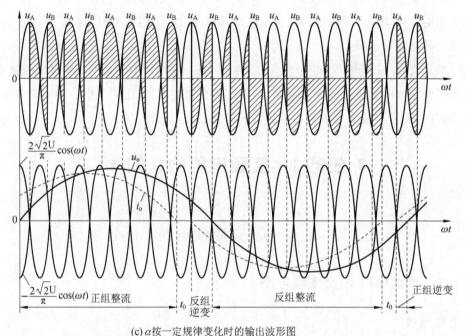

(c) α按一定规律变化时的输出波形图

图 6-1　单相输出交-交变频电路及其输出波形

逐渐减小到 0°，然后逐渐增加到 90°，则该组整流器的输出平均电压就从零增大到最大，然后减小到零，如图 6-1(c)所示。正组整流电路输出电压平均值就按正弦规律变化。反组工作采用上述同样的控制方法，就可以得到接近正弦波的输出电压。

4.变频电路的工作过程

交-交变频电路的负载可以是阻感负载、电阻负载、阻容负载和交流电动机负载，这里以阻感负载为例来说明电路的整流与逆变工作状态，也适用于交流电动机负载。

图 6-2 是单相输出交-交变频电路电感性负载时输出电压和电流的波形图。

考虑无环流方式下 i_o 过零的死区时间，一周期可分为六个阶段。

第一阶段，输出电压过零，u_o 为正，$i_o<0$，反组整流器工作在有源逆变状态，正组整流器被封锁。

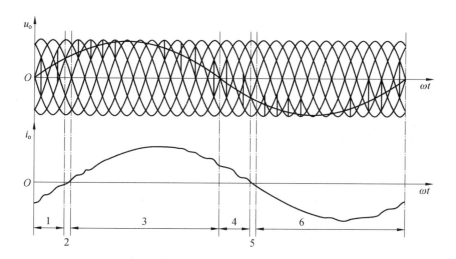

图 6-2 单相输出交-交变频电路电感性负载时的输出电压和电流波形

第二阶段，$u_o > 0$，电流过零，为无环流死区。

第三阶段，$i_o > 0$，$u_o > 0$。正组整流器工作在整流状态，反组整流器被封锁。

第四阶段，$i_o > 0$，$u_o < 0$。正组整流器工作有源逆变状态，反组整流器仍被封锁。

第五阶段，电流为零，为无环流死区。

第六阶段，$i_o < 0$，$u_o < 0$，反组整流器工作在整流状态，正组整流器被封锁。

当 u_o 和 i_o 的相位差小于 90°时，一周期内电网向负载提供能量的平均值为正，电动机工作在电动状态。当二者相位差大于 90°时，一周期内电网向负载提供能量的平均值为负，电网吸收能量，电动机工作在发电状态。

从上述的分析我们可以看出以下两点。

① 哪组整流器电路工作由输出电流决定，而与输出电压极性无关。

② 变流电路是工作在整流状态还是逆变状态，由输出电压方向和输出电流方向的异同决定。

5. 输出正弦波电压的控制方法

通过不断改变控制角 α，使交-交变频电路的输出电压波形基波为正弦波的调制方法有很多种。这里介绍最基本的、广泛使用的余弦交点法。

设 U_{do} 为 $\alpha = 0$ 时整流电路的理想空载电压，u_o 为每个控制间隔输出的平均电压，则有

$$u_o = U_{do}\cos\alpha \tag{6.1}$$

设希望得到的正弦波电压为

$$u_o = U_{om}\sin(\omega_o t) \tag{6.2}$$

比较式(6.1)和式(6.2)，则应使

$$\cos\alpha = \frac{U_{om}}{U_{do}}\sin(\omega_o t) = \gamma\sin(\omega_o t) \tag{6.3}$$

式中 γ 称为输出电压比：

$$\gamma = \frac{U_{om}}{U_{do}} \quad (0 \leqslant \gamma \leqslant 1) \tag{6.4}$$

因此有

$$\alpha = \arccos[\gamma \sin(\omega_o t)] \tag{6.5}$$

这就是余弦交点法基本公式。

6. 余弦交点法图解

图 6-3 是对余弦交点法的进一步说明。

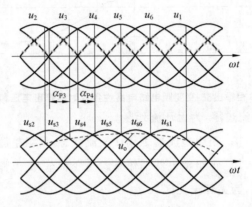

图 6-3　余弦交点法原理

电网线电压 u_{ab}、u_{ac}、u_{bc}、u_{ba}、u_{ca} 和 u_{cb} 依次用 $u_1 \sim u_6$ 表示。相邻两个线电压的交点对应于 $\alpha = 0°$。$u_1 \sim u_6$ 所对应的同步信号分别用 $u_{s1} \sim u_{s6}$ 表示。$u_{s1} \sim u_{s6}$ 比相应的 $u_1 \sim u_6$ 超前 30°，$u_{s1} \sim u_{s6}$ 的最大值和相应线电压 $\alpha = 0°$ 的时刻对应。以 $\alpha = 0°$ 为零时刻，则 $u_{s1} \sim u_{s6}$ 为余弦信号。希望输出电压为 u_o，则各晶闸管触发时刻由相应的同步电压 $u_{s1} \sim u_{s6}$ 的下降段和 u_o 的交点来决定。

图 6-4 给出了在不同输出电压比 γ 的情况下，在输出电压的一个周期内，控制角 α 随 $\omega_o t$ 变化的情况。图中

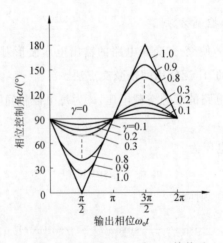

图 6-4　不同 γ 下 α 和 $\omega_o t$ 的关系

$$\alpha = \arccos[\gamma\sin(\omega_{\circ}t)] = \frac{\pi}{2} - \arcsin[\gamma\sin(\omega_{\circ}t)] \tag{6.6}$$

γ 较小,即输出电压较低时,α 只在离 90°很近的范围内变化,电路的输入功率因数非常小。余弦交接法用模拟电路来实现,线路复杂,且不易实现准确的控制。采用计算机控制时可以方便准确地实现运算,使整个系统获得很好的性能。

6.1.2 三相输出交-交变频电路

交-交变频器主要用于交流调速系统中,实际使用的主要是三相输出交-交变频器。三相输出交-交变频电路由三组输出电压相位各相差 120°的单相输出交-交变频电路组成,因此单相输出交-交变频电路的许多结论都适用于三相输出交-交变频电路。

三相输出交-交变频电路有两种接线方式,即公共交流母线进线方式和输出星形连接方式。

1. 公共交流母线进线方式

接线方式如图 6-5 所示。由三组彼此独立的、输出电压相位相互错开 120°的单相输出交-交变频电路构成。电源进线通过进线电抗器接在公共交流母线上。因为电源进线端公用,所以三组的输出端必须隔离。为此,交流电动机的三个绕组必须拆开,共引出六根线。这种接线方式主要用于中等容量的交流调速系统。

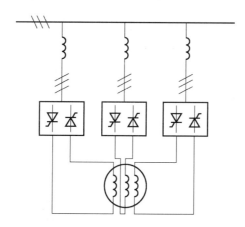

图 6-5 公共交流母线进线三相输出交-交变频电路

2. 输出星形连接方式

图 6-6 是输出星形连接方式的三相输出交-交变频电路原理图。三组的输出端采用星形连接,电动机的三个绕组也采用星形连接。电动机中点不和变频器输出端中点接在一起,电动机只引出三根线即可。因为三组的输出连接在一起,其电源进线必须隔离,因此分别用三个变压器供电。由于变频器输出端中点不和负载中点相连接,所以在构成三相变频电路的六组桥式电路中,至少要有不同输出相的两组桥中的四个晶闸管同时导通才能构成回路,形成电流。和整流电路一样,同一组桥内的两只晶闸管靠双脉冲保证同时导通,而两组桥之间

靠各自的触发脉冲有足够的宽度,以保证同时导通。

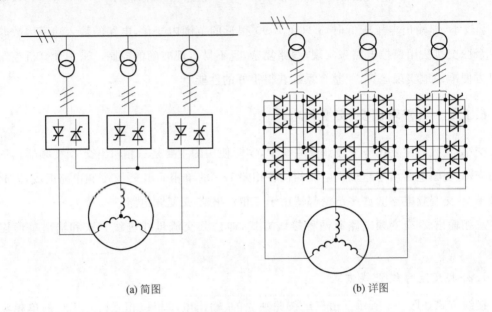

(a) 简图　　　　　　　　　　　　　(b) 详图

图 6-6　输出星形连接方式三相输出交-交变频电路

6.1.3　交-交变频电路输出频率的上限

交-交变频电路的输出电压由许多段电压拼接而成,输出电压一个周期内拼接的电网电压段数越多,输出电压越接近正弦波。每段电网电压的持续时间是由交流电路的脉波数决定的。输出频率升高时,输出电压一个周期内电网电压的段数就减少,所含的谐波分量就要增加,从而使输出电压波形畸变。电压波形畸变及其导致的电流波形畸变和转矩脉动是限制输出频率提高的主要因素。

就输出波形畸变和输出上限频率的关系而言,很难确定一个明确的界限。构成交-交变频电路的两组变流电路的脉波数越多,输出上限频率就越高。一般的,交流电路采用 6 脉波的三相桥式电路时,最高输出频率不高于电网频率的 1/3～1/2。电网频率为 50 Hz 时,交-交变频电路的输出上限频率约为 20 Hz。

由电路结构和工作原理可以看出,三相输出交-交变频电路的输出上限频率与单相输出交-交变频电路是一致的。

6.1.4　交-交变频电路的优缺点

相比于交-直-交变频电路,交-交变频电路的优点有:只有一次变流,且使用电网换相,因此变流效率较高;可方便地实现四象限工作;低频输出波形接近正弦波。缺点有:接线复杂,采用三相桥式电路的三相输出交-交变频器至少要用 36 只晶闸管;受电网频率和变流电路脉波数的限制,输出频率较低;输入功率因数较小;输入电流谐波含量大,频谱复杂。

因此,交-交变频电路主要用于 500 kW 或 1000 kW 以上的大功率、低转速的交流调速电路中,目前已在轧机主传动装置、鼓风机、矿石破碎机、球磨机、卷扬机等场合应用。它既可用于异步电动机传动,也可用于同步电动机传动。

6.2 交-直-交变频电路

目前已被广泛地应用在交流电动机变频调速中的变频器是交-直-交变频器,它是先将恒压恒频的交流电通过整流器变成直流电,再通过逆变器将直流电变换成电压和频率均可调节的交流电。由于输出频率由逆变电路控制,交-直-交变频器的输出频率范围远大于交-交变频器。

6.2.1 交流电机的调速原理

由电机学的基本公式:

$$n = \frac{60f(1-s)}{p} \tag{6.7}$$

可见,异步电动机的调速方案有:改变极对数 p,改变转速率 s(即改变电动机机械特性的硬度)和改变电源频率 f。交流调速的分类如下:

交流调速
- 变极调速
- 变转差率调速
  - 调压调速(降低电压,将使机械特性变软)
  - 线绕转子串接可变电阻调速(转子电阻增加,将使机械特性变软)
  - 线绕转子串接附加电动势调速(串级调速)
  - 采用电磁离合器(滑差电动机)调速
- 变频调速
  - 交-交变频调速
  - 交-直-交变频调速

其中变极调速是有级的。变转差率调速不调同步转速,低速时电阻能耗大、效率较低。只有在串级调速情况下,转差率才得以利用,效率较高。变频调速是调节同步转速,可以从高速到低速都保持很小的转差率,效率高,调速范围大,精度高,是交流电动机一种比较理想的调速方案。

采用变频调速时,忽略电动机定子绕组漏阻抗,每相定子绕组上的电动势为

$$U = E = 4.44fNK_w\varphi_m \tag{6.8}$$

式中,U 为外加电源电压;E 为定子每相感应电动势的有效值;f 为定子电源频率;N 为定子每相绕组串联匝数;K_w 为基波绕组系数;φ_m 为每极气隙磁通量。

1.基频(50 Hz)以下的恒磁通变频调速

从式(6.8)可以看出,当 U 不变时,随着定子电源频率 f 的降低,φ_m 将会相应增加。由于电机在设计制造时,已使气隙磁通接近饱和,如果气隙磁通量增加,就会使磁路过饱和,励磁电流相应增大,铁损耗急剧增加,严重时导致绕组过热烧坏。因此,进行基频以下的变频调速

时需保持 U/f 恒定,以保证气隙磁通量 φ_m 不超过设计值,这就是恒压频比控制方式,也称为恒磁通变频调速。

由异步电动机转矩公式

$$T = K_m \varphi_m I_2 \cos\varphi_2 \tag{6.9}$$

式中,K_m 为转矩常数,I_2 为转子电流,$\cos\varphi_2$ 为转子电路功率因数。$T \propto \varphi_m$,即恒磁通变频调速属于恒转矩调速方式。

图 6-7 为变频系统 $U\text{-}f$ 曲线图,图中 f_{1nom} 为基频 50 Hz。

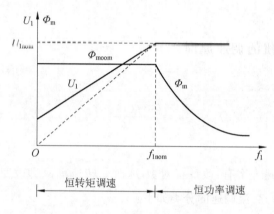

图 6-7 变频系统 $U\text{-}f$ 曲线图

2.基频以上的弱磁变频调速

当频率增加到基频以上时,由于电动机的电压不能超过其额定电压,因此在基频以上调频时,U 只能保持在额定值。这样气隙磁通量必然会随着 f 的上升而减小,相当于直流电动机弱磁调速的情况,因此,基频以上的变频调速属于恒功率调速方式。

由图 6-7 可以看到,恒转矩调速阶段中有两条斜线,其中虚线表示理想曲线,实线表示实际曲线。

根据式(6.9)可知,$T \propto I_2$。要保持恒转矩,就要保持定子电流的恒定。由于电动机为线圈绕制,难免会有较小的电阻 R,因此定子电流为 $I = U/(R + j\omega L)$。

在低频运行时,电阻不能忽略不计,电阻 R 产生一定的压降,使感抗上获得的电压有所下降,产生的旋转磁场的磁通 Φ_m 也有所下降,因此在低频运行时电动机所能提供的转矩 T 不足。要想低频运行时获得较大转矩,就要相应地提高供电电压,故穿过原点的曲线为理想的恒压频比控制曲线,另一条为电压补偿后近似恒转矩控制曲线。

早期的变频调速系统基本上都采用 U/f 控制,但这种控制方式无法得到快速的转矩响应,低速特性也不好,带负载能力差。因此人们后来又发明了矢量控制和直接转矩控制等变频调速方式。

矢量控制技术于 1971 年由德国西门子公司发明。它一改过去传统方式中仅对交流电量的量值(电压、电流、频率的量值)进行控制的方法,实现了在控制量值的同时也控制其相位。使用坐标变换的办法,实现定子电流磁场分量和转矩分量的解耦控制,可以使交流电动机像直流电动机一样具有良好的调速性能。

多年来,人们围绕着矢量控制技术做了大量的工作,如今矢量控制这一新的交流电动机调速原理得到了广泛的实际应用,做到与直流调速系统一样,甚至有所超过,完全可以取代直流调速系统。

6.2.2 交-直-交变频电路的基本形式

交-直-交变频电路由整流器、中间直流环节和逆变器组成。其基本构成如图6-8所示。

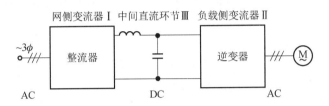

图6-8 交-直-交变频电路的基本构成

对于交-直-交变频器,在不涉及能量传递方向的改变时,我们常简明地称变流器Ⅰ为整流器,变流器Ⅱ为逆变器,而把图中Ⅰ、Ⅱ、Ⅲ总起来称为变频器。实际上,对于再生能量回馈型变频器,Ⅰ、Ⅱ两个变流器均可能有两种工作状态:整流状态和逆变状态。因此,Ⅰ、Ⅱ也可分别称为网侧变流器和负载侧变流器。

在交流电动机的变频调速控制中,在调节定子频率的同时必须同时改变定子的电压。根据不同的控制方式,交-直-交变频电路的基本形式有三种。

(1)采用可控整流电路调压、逆变电路调频的控制方式,其结构框图如图6-9所示。在这种装置中,调压和调频在两个环节上分别进行,在控制电路上协调配合,结构简单,控制方便。但是,由于输入环节采用晶闸管可控整流器,当电压调得较低时,电网端功率因数较小。而输出环节多用由晶闸管组成多拍逆变器,每周换相六次,输出的谐波较大,因此这类控制方式现在用得较少。

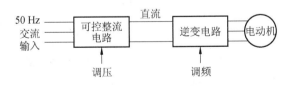

图6-9 可控整流电路调压、逆变电路调频结构框图

(2)采用二极管整流电路整流、斩波器(直流变换器)调压、再用逆变电路调频的控制方式,其结构框图如图6-10所示。整流环节采用二极管整流电路,只整流不调压,再单独设置斩波器,用脉宽调压。这种方法克服功率因数较小的缺点,但输出逆变环节未变,仍有较大谐波。

(3)采用二极管整流电路整流、PWM(脉宽调制)逆变电路同时调压调频的控制方式,其结构框图如图6-11所示。在这类装置中,用二极管整流电路整流,则输入功率因数不变;

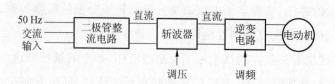

图 6-10 二极管整流电路整流、斩波器调压、逆变电路调频结构框图

用 PWM 逆变,减小了输出谐波。这样图 6-10 装置的两个缺点都消除了。PWM 逆变电路需要使用全控型开关器件,其输出谐波减少的程度取决于 PWM 的开关频率,而开关频率受器件开关时间的限制。采用绝缘双极型晶体管 IGBT 时,开关频率可在 10 kHz 以上,输出波形已经非常逼近正弦波,因而又称为 SPWM 逆变器,是当前最有发展前途的一种装置形式。

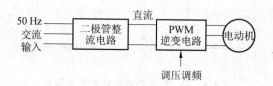

图 6-11 二极管整流电路整流、PWM(脉宽调制)逆变电路同时调压调频结构框图

6.2.3 典型的交-直-交变频电路

在交-直-交变频器中,当中间直流环节采用大电容滤波时,直流电压波形比较平直,在理想情况下是一个内阻抗为零的恒压源,输出交流电压是矩形波或阶梯波,这类变频器叫作电压型变频器,见图 6-12(a)。

当交-直-交变频器的中间直流环节采用大电感滤波时,直流电流波形比较平直,因而电源内阻抗很大,对负载来说基本上是一个电流源,输出交流电流是矩形波或阶梯波,这类变频器叫作电流型变频器,见图 6-12(b)。

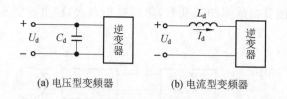

(a) 电压型变频器　　　　　　　　(b) 电流型变频器

图 6-12 中间直流环节不同的变频器的电路框图

下面我们根据这个分类介绍几种典型的变频电路。

1. 带有泵升电压限制电路的电压型变频电路

图 6-13 是一种常用的交-直-交电压型 PWM 变频电路。它采用二极管构成整流器,完成交流到直流的变换,其输出直流电压 U_d 是不可控的;中间直流环节用大电容 C_d 滤波;电力晶体管 $V_1 \sim V_6$ 构成 PWM 逆变器,完成直流到交流的变换,并能实现输出频率和电压的同时调节,$VD_1 \sim VD_6$ 是反馈二极管。

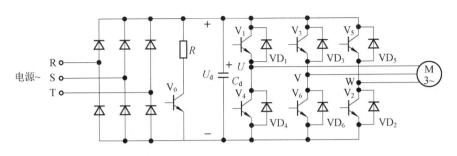

图 6-13 带有泵升电压限制电路的电压型变频电路

从图中可以看出,由于整流电路输出的电压和电流极性都不能改变,因此该电路只能从交流电源向中间直流电路传输功率,进而再向交流电动机传输功率,而不能从直流中间电路向交流电源反馈能量。当负载电动机由电动状态转入制动运行时,电动机变为处于发电状态,其能量通过逆变电路中的反馈二极管流入直流中间电路,使直流电压升高而产生过电压,这种过电压称为泵升电压。为了限制泵升电压,在直流侧并联了一个由电力晶体管 V_0 和能耗电阻 R 组成的泵升电压限制电路。当泵升电压超过一定数值时,V_0 导通,能量消耗在 R 上。这种电路用于对制动时间有一定要求的调速系统。

2. 可以再生制动的电压型变频电路

在要求电动机频繁快速加减速的场合,上述带有泵升电压限制电路的变频电路耗能较多,能耗电阻 R 也需较大的功率。这时可以增加一套有源逆变电路,在制动时把电动机的动能反馈回电网,实现再生制动。如图 6-14 所示。

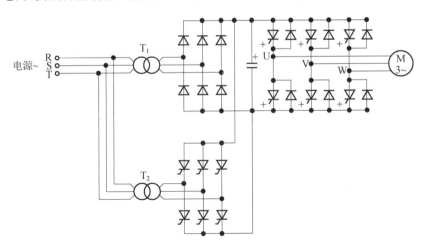

图 6-14 可以再生制动的电压型变频电路

3. 交-直-交电流型 PWM 变频电路

图 6-15 给出了一种常用的交-直-交电流型变频电路。其中,整流器采用晶闸管构成的可控整流电路,完成交流到直流的变换,输出可控的直流电压 U_d,实现调压功能;中间直流环节用大电感 L_d 滤波;逆变器采用晶闸管构成的串联二极管式电流型逆变电路,完成直流到交流的变换,并实现输出频率的调节。

　　逆变电路中的电容是为吸收晶闸管关断时所产生的过电压而设置的,也可以对输出的 PWM 电流波形起到滤波作用。串联二极管用来承受反电压,同时隔离电容和负载,防止电容充电电荷损失。整流电路采用晶闸管而不是二极管,这样在负载电动机需要制动时,可以使整流部分工作在有源逆变状态,把电动机的机械能反馈给交流电网,从而实现快速制动。

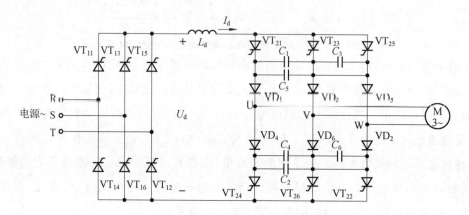

图 6-15　交-直-交电流型 PWM 变频电路

　　由图可以看出,电力电子器件的单向导向性,使得电流 I_d 不能反向,而中间直流环节采用的大电感滤波,保证了 I_d 的不变,但可控整流器的输出电压 U_d 是可以迅速反向的。因此,电流型变频电路很容易实现能量回馈。

　　图 6-16 给出了电流型变频调速系统的电动运行和回馈制动两种运行状态。其中,UR 为晶闸管可控整流器,UI 为电流型逆变器。当可控整流器 UR 工作在整流状态($\alpha < 90°$)、逆变器工作在逆变状态时,电动机在电动状态下运行,如图 6-16(a)所示。这时,直流回路电压 U_d 的极性为上正下负,电流由 U_d 的正端流入逆变器,电能由交流电网经变频器传送给电动机。此时如果降低变频器的输出频率,或者从机械上抬高电动机转速,同时使可控整流器的控制角 $\alpha > 90°$,则异步电动机进入发电状态,如图 6-18(b)所示。此时直流回路电压 U_d 立即反向,而电流 I_d 方向不变。于是,逆变器 UI 变成整流器,而可控整流器 UR 转入有源逆变状态,电能由电动机回馈给交流电网。

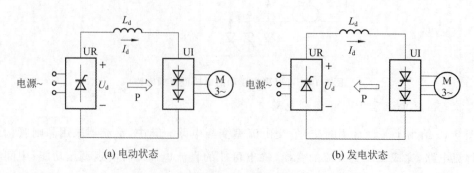

(a) 电动状态　　　　　　　　　　　　　　　(b) 发电状态

图 6-16　电流型变频调速系统的两种运行状态

6.2.4 电压型变频器与电流型变频器的性能比较

电压型变频器和电流型变频器的区别仅在于中间直流环节滤波器的形式不同,但是这样一来,造成两类变频器在性能上产生相当大的差异,两者主要性能比较如表 6-1 所示。

表 6-1 电压型变频器与电流型变频器的性能比较

特 点 名 称	电压型变频器	电流型变频器
储能元件	电容器	电抗器
输出波形的特点	电压波形为矩形波 电流波形近似正弦波	电流波形为矩形波 电压波形为近似正弦波
回路构成上的特点	有反馈二极管 直流电源并联大容量电容(低阻抗电压源) 电动机四象限运转需要用再生变流器	无反馈二极管 直流电源串联大电感(高阻抗电流源) 电动机四象限运转容易
特性上的特点	负载短路时产生过电流 开环电动机也可能稳定运转	负载短路时能抑制过电流 电动机运转不稳定,需要反馈控制
适用范围	适用于作为多台电动机同步运行时的供电电源但不要求快速加减速的场合	适用于一台变频器给一台电动机供电的单电动机传动,但可以满足快速起制动和可逆运行的要求

◀ 任务 2　变频器操作与故障检测 ▶

通用变频器自 20 世纪 80 年代被引入中国以来,因在交流电动机调速过程中优良的调速效果,已逐步成为当代电动机调速的主流。此外,它还具有良好的节能效果,且体积小、重量轻、精度高、可靠性高、操作简便。下面我们来了解变频器的主流品牌,学习如何使用变频器。

6.3　变频器的主流品牌

目前生产变频器的厂家很多,国际主流品牌主要有 ABB 公司 ACS 系列、西门子公司的 MICROMASTER 系列和 6SE70 系列、富士电机公司的 FRN-G9S/P9S 系列、三菱电机公司的 FR-A540/FR-F540 系列、艾默生公司 EV 系列、安川电机公司的 VS-616G5 系列、三肯公司的 SAMCO-I/IP 系列等。主流变频器如图 6-17 所示。

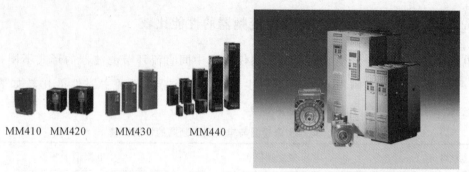

(a) 西门子：MICROMASTER 4(MM4)系列　　(b) 西门子：SIMOVERT MASTERDRIVES 6SE70系列

(c) ABB：ACS600、ACS800、ACS1000系列　(d) 三菱：FR-A540、FR-F540、FR-A241E、FR-F700系列

图 6-17　主流变频器

6.4　变频器的铭牌

图 6-18 所示为西门子变频器的铭牌。从图中我们可以看出，变频器的型号是 MM440 6SE6440-2UD27-5CA1，输入电压必须为 380～480 V，允许 ±10% 的偏差。输入频率范围 47～63 Hz。输出电压可在 0 至输入电压值之间变化，输出电流为 18.4 A，变转矩模式下可到 26 A。输出频率在 0～650 Hz 范围内可调。所带电动机的功率为 7.5 kW，变转矩模式下可达 11 kW。防护等级为 IP 20，正常工作温度范围为 −10°～+50°。

图 6-18　西门子变频器的铭牌

6.5 变频器的基本构成

通用变频器通常由主电路、控制电路和保护电路组成。其基本构成和各部分功能如图 6-19 所示。

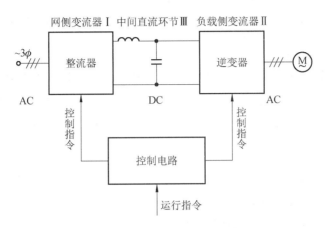

图 6-19 变频器的基本构成

一个典型的电压控制型通用变频器的原理框图如图 6-20 所示。

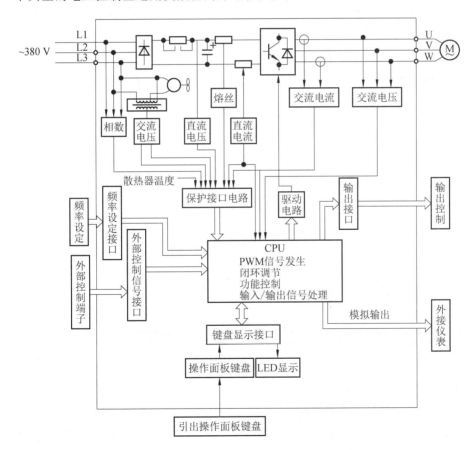

图 6-20 开环控制的 SPWM 变频调速系统结构简图

1. 主电路

主电路包括整流电路、逆变电路和中间直流环节。整流电路将外部的工频交流电源转换为直流电,给逆变电路和控制电路提供所需的直流电源。中间直流环节对整流电路的输出进行平滑滤波,以保证逆变电路和控制电路能够获得质量较高的直流电源。逆变电路将中间直流环节输出的直流电源转换为频率和电压都任意可调的交流电源。

2. 控制电路

控制电路包括主控制电路、信号检测电路、驱动电路、外部接口电路以及保护接口电路。

控制电路的主要功能是将接收到的各类信号送至运算电路,使运算电路能够根据驱动要求为变频器主电路提供必要的驱动信号,并对变频器以及异步电动机提供必要的保护、输出计算结果。

1) 接收的各种信号

包括功能的预置信号;从键盘或外接输入端子输入的给定信号;从外接输入端子输入的控制信号;从电压、电流采样电路以及其他传感器输入的状态信号等。

2) 进行的运算

包括实时地计算出 SPWM 波形各切换点的时刻;进行矢量控制运算或其他必要的运算。

3) 输出的计算结果

包括实时地计算出 SPWM 波形各切换点的时刻并输送至逆变器件模块的驱动电路,使逆变器件按给定信号及预置要求输出 SPWM 电压波;将当前的各种状态输送至显示器显示;将控制信号输出至外接输出端子。

4) 实现的保护功能

接收从电压、电流采样电路以及其他传感器输入的信号,结合功能中预置的限值,进行比较和判断,若出现故障,有以下三种处理方式。

(1) 停止发出 SPWM 信号,使变频器中止输出。

(2) 输出报警信号。

(3) 向显示器输出故障信号。

6.6　变频器的基本操作方法

下面我们以西门子 MM 系列变频器为例来介绍变频器的基本操作方法。

1. 编程基本操作方法

1) 操作板种类

图 6-21 所示为西门子变频器的操作面板,其中 SDP 用于指示变频器的运行状态,只能利用制造厂的缺省设置值,通过外端子控制操作,使变频器投入运行。BOP 和 AOP 是作为可选件供货的。MM440 变频器只能用操作面板 BOP 或 AOP 进行设置更改操作和运行。

(a) SDP   (b) BOP   (c) AOP

(状态显示面板)   (基本操作面板)   (高级操作面板)

图 6-21　西门子变频器操作面板种类

2）BOP 操作面板

BOP 操作面板是其中较常用的操作面板,它的显示屏具有五位数字的七段显示,用于显示参数的序号和数值、报警和故障信息,以及该参数的设定值和实际值。

在录入或修改参数时,对操作面板的基本操作如下。

按 🅟 访问参数,当显示屏出现 r0000 时,按 🔼🔽 增减参数号,当出现要修改的参数号时,再次按 🅟 查看参数号当前值,对于需要修改的参数值,再次按 🔼🔽 增减参数值,最后按 🅟 确认并存储参数。对于位数较多的参数,可以多次按 🅵🅽,实现按位修改。

2.快速调试方法

在进行快速调试之前,必须完成变频器的机械和电气安装。快速调试时,P0010＝1,P0003 选择用户访问级别(分为标准级、扩展级和专家级)。进行快速调试时,访问级较低的用户能够看到的参数较少。P0010 和 P0003 的设置非常重要,由此可以选定一组允许进行快速调试的参数,包括电动机的设定参数和斜坡函数的设定参数,在参数设置完成后,应选定 P3900＝1,此时将执行必要的电动机计算,使设定的参数值有效。

3.恢复出厂设定

当变频器需要恢复成工厂的缺省设定值时,可设置 P0010＝30,然后设置 P0970＝1 即可,此过程约需要 3 分钟。

4.变频器运行操作

1）操作面板控制操作

操作面板控制操作时,先按下绿色按键 🟢,启动电动机。电动机转动时按下键 🔼,使电动机升速到 50 Hz。在电动机达到 50 Hz 时按下键 🔽,电动机速度及其显示值都降低。🔄 键改变电动机的转动方向。用红色按键 🅾 停止电动机。

2）端子控制操作

当用外部数字量端子控制运行时,一般我们将端子 5 接通代表电动机启动正转,将端子 6 接通代表电动机启动反转。控制电动机停车的方式主要有以下三种。

（1）OFF1：按命令停车。端子5（正转）或端子6（反转）断开，变频器按照选定的斜坡下降速率（P1121）减速并停止转动。

（2）OFF2：自由停车。用 BOP/AOP 上的 控制，按下 OFF 键（持续2秒钟）或按两次 OFF 按钮即可。这一命令使电动机依惯性滑行，最后停车。

（3）OFF3：快速停车。就是使电动机快速地减速停车，可同时具有直流制动或复合制动两种，必须对相关参数进行设置，缺省值设置时此功能无效。

三种停车方式中，OFF3 停车最快，OFF1 次之，OFF2 最慢。通常，OFF3 相当于紧急停车，对于 OFF1，如果 P1121 设置的时间值过短，且负载惯性足够大，就会在 OFF1、OFF3 停车过程出现电动机反电动势过高（发电能量吸收不掉），此时系统会报过流故障（报警号：F0001）或过压故障（报警号：F0002），甚至有可能导致变频器跳闸。如果控制一个惯性不大的负载立刻停止，采用 OFF1，减速停车过程按照系统或变频器定义的斜坡下降时间制动较为稳妥，且对变频器有一定的保护作用。

实训 6.1　变频器功能参数设置与操作

（一）实训目的

了解并掌握变频器、操作面板控制方式，参数的设置。

（二）使用设备

（1）380 V 三相交流电源。

（2）三相鼠笼式异步电动机。

（3）MCLMK-BPQ 组件。

（三）操作面板按键与外端子

1.操作面板按键功能说明

具体说明见表 6-2。

6.1　变频器
参数设置
面板控制

表 6-2　操作面板按键功能说明

显示/按钮	功　能	功能的说明
r0000	状态显示	LCD 显示变频器当前的设定值
	启动变频器	按此键启动变频器。缺省值运行时此键是被封锁的。为了使此键的操作有效应设定 P0700＝1
	停止变频器	OFF1：按此键，变频器将按选定的斜坡下降速率减速停车。缺省值运行时此键被封锁；为了允许此键操作，应设定 P0700＝1。OFF2：按此键两次（或一次，但时间较长），电动机将在惯性作用下自由停车，此功能总是"使能"的
	改变电动机的转动方向	按此键可以改变电动机的转动方向。电动机的反向用负号（一）表示或用闪烁的小数点表示。缺省值运行时此键是被封锁的，为了使此键的操作有效，应设定 P0700＝1

显示/按钮	功　能	功能的说明
(jog)	电动机点动	在变频器无输出的情况下按此键,将使电动机启动,并按预设定的点动频率运行。释放此键时,变频器停车。如果变频器/电动机正在运行,按此键将不起作用
(Fn)	功能	此键用于浏览辅助信息。 在变频器运行过程中,在显示任何一个参数时按下此键并保持不动 2 秒钟,将显示以下参数值(在变频器运行中,从任意一个参数开始): 1.直流回路电压(用 d 表示,单位为 V); 2.输出电流(A); 3.输出频率(Hz); 4.输出电压(用 o 表示 - ,单位为 V); 5.由 P0005 选定的数值(如果 P0005 选择显示上述参数中的任意一个(3、4 或 5),这里将不再显示)。 连续多次按下此键,将轮流显示以上参数。 跳转功能: 在显示任何一个参数(r×××× 或 P××××)时短时间按下此键,将立即跳转到 r0000,如果需要,可以接着修改其他的参数。跳转到 r0000 后,按此键将返回原来的显示点
(P)	访问参数	按此键即可访问参数
(▲)	增大数值	按此键即可增大操作面板上显示的参数数值
(▼)	减小数值	按此键即可减小操作面板上显示的参数数值

2.变频器外端子功能说明

变频器常用外端子如图 6-22 所示。

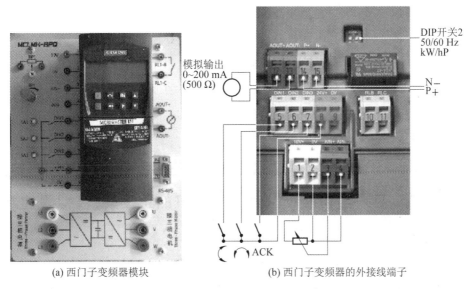

(a) 西门子变频器模块　　　　(b) 西门子变频器的外接线端子

图 6-22　变频器模块和外接线端子

具体说明见表 6-3。

表 6-3 变频器外端子参数功能说明

名　　称	端 子 号	功 能 说 明
给定电压	1/2	提供 0～10 V,4～20 mA 模拟量
模拟输入	3/4	可输入 0～10 V 或 4～20 mA 可调电压或电流
数字输入 1、2、3	5/6/7	低电平有效,输入为 24 V DC
给定电压	8/9	提供＋24 V DC
输出继电器	10/11	故障识别
模拟输出	12/13	输出电压或电流,用于监控频率或电流
RS-485 串行通信接口 P＋、N＋	14/15	用于与 PLC 连接

(四)内容及步骤

用变频器操作面板控制电动机正反转、变频调速,频率从 0～50 Hz。

参数设置:

P0010＝1　　　　　　　　%快速调试开始

P0100＝0　　　　　　　　%输出频率 50 Hz

P0304＝380　　　　　　　%电动机额定电压 380 V

P0305＝0.4　　　　　　　%电动机额定电流 0.4 A

P0307＝0.04　　　　　　　%电动机额定功率 40 W

P0310＝50　　　　　　　　%电动机额定频率 50 Hz

P0311＝1430　　　　　　　%额定转速

P0700＝1　　　　　　　　%1:操作面板输入。2:外部输入/输出控制

P1000＝1　　　　　　　　%1:操作面板控制。2:模拟量控制

P1080＝0　　　　　　　　%电动机最小频率

P1120＝1.0　　　　　　　%电动机频率从最小到最大的加速时间

P1121＝1.0　　　　　　　%电动机频率从最大到最小的加速时间

P3900＝1　　　　　　　　%快速调试结束

(五)注意事项

建议每次调节前将变频器设置为工厂缺省值后断电保存后,再进行参数设置。

实训 6.2　变频器功能参数设置电动机的正反转、模拟量控制

(一)实训目的

(1) 学会 MM420 变频器基本参数的设置。

(2) 学会用 MM420 变频器输入端子 DIN_1、DIN_2 对电动机正反转进行控制。

（3）通过 BOP 操作面板观察变频器的运行过程。

（二）实训设备

（1）380 V 三相交流电源。

（2）三相鼠笼式异步电动机。

（3）MCLMK-BPQ 组件。

（4）EEL-57H 组件。

（三）实训内容

6.2 变频器参
数设置电动机
正反转、模
拟量调速

用开关 S_1 和 S_2 控制 MM420 变频器，实现电动机正转和反转功能，电动机加减速时间为 5 s。DIN_1 端口设为正转控制，DIN_2 端口设为反转控制。

（1）电路接线如图 6-23 所示。检查无误后合上开关。

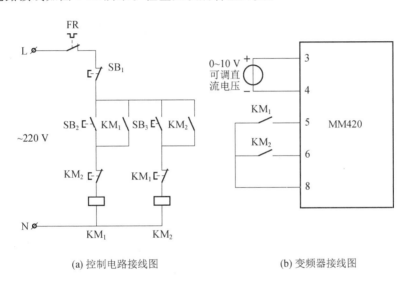

(a) 控制电路接线图　　　　　　　　　　　(b) 变频器接线图

图 6-23　变频器功能参数设置电动机的正反转、模拟量控制电路

> **注意**

① 若输出频率用操作面板控制，则图 6-23(b) 中 3、4 端口无须接线，按 ⊼/⊻ 即可得到不同的输出频率。

② 若输出频率用模拟量控制，则按图 6-23(b) 接线，同时设 P1000＝2（模拟输入）后，调节直流电源（0～10 V），即可得到不同输出频率。）

（2）恢复变频器工厂缺省值。

（3）设置电动机的参数。为了使电动机与变频器相匹配，需要设置电动机的参数。所用电动机型号为 WDJ24（实训室配置），额定参数为：额定功率为 40 W，额定电压 380 V，额定电流 0.2 A，额定频率 50 Hz，转速 1420 r/min，三角形接法。电动机参数设置见表 6-4。

电动机参数设置完成后，设 P0010＝0，变频器当前处于准备状态，可正常运行。

表 6-4　电动机参数设置

参 数 号	缺 省 值	设 置 值	说　明
P0003	1	1	设用户访问级为标准级
P0010	0	1	快速调试
P0100	0	0	工作地区:功率以 kW 表示,频率为 50 Hz
P0304	230	380	电动机的额定电压(V)
P0305	2.25	0.2	电动机的额定电流(A)
P0307	0.75	0.04	电动机的额定功率(kW)
P0308	0	0	电动机额定功率因数(由变频器内部计算电动机的功率因数)
P0310	50	50	电动机额定频率(Hz)
P0311	0	1430	电动机的额定转速(1430 r/min)

（4）设置数字输入控制端口参数,如表 6-5 所示。

表 6-5　数字输入控制端口参数

参 数 号	缺 省 值	设 置 值	说　明
P0003	1	1	设用户访问级为标准级
P0004	0	7	命令和数字 I/O
P0700	2	2	命令源选择由端子排输入
P0003	1	2	设用户访问级为扩展级
P0004	0	7	命令和数字 I/O
P0701	1	1	ON 接通正转,OFF 停止
P0702	1	2	ON 接通反转,OFF 停止
P0003	1	1	设用户访问级为标准级
P0004	0	10	设定值通道和斜坡函数发生器
P1000	2	1	由 MOP(电动电位计)输入设定值
P1080	0	0	电动机的最低运行频率(Hz)
P1082	50	50	电动机运行的最高频率(Hz)
P1120	10	5	斜坡上升时间(s)
P1121	10	5	斜坡下降时间(s)
P0003	1	2	设用户访问级为扩展级
P0004	0	10	设定通道和斜坡函数发生器
P1040	5	40	设定键盘控制频率

（5）操作控制。

① 电动机正向运行。当接通 S_1 时,变频器数字输入端口 DIN_1 为"ON",电动机按

P1120 所设置的 5 s 斜坡上升时间正向启动,经 5 s 后稳定运行在 1144 r/min 的转速上。此转速与 P1040 所设置的 40 Hz 频率对应。断开开关 S_1,数字输入端口 DIN_1 为"OFF",电动机按 P1121 所设置的 5 s 斜坡下降时间停车,经 5 s 后电动机停止运行。

② 电动机反向运行。接通开关 S_2,变频器输入端口 DIN_2 为"ON",电动机按 P1120 所设置的 5 s 斜坡上升时间反向启动,经过 5 s 后稳定运行在 1144 r/min 的转速上。此转速与 P1040 所设置的 40 Hz 频率相对应。断开开关 S_2,数字输入端口 DIN_2 为"OFF",电动机按 P1121 所设置的 5 s 斜坡下降时间停车,经 5 s 后电动机停止运行。

③ 在上述的操作中通过 BOP 操作面板上的操作功能键观察电动机运行的频率。

(四)实训作业

写出完成此实训的具体步骤和注意事项。

实训 6.3　变频器功能参数设置多段速度选择变频器调速

(一)实训目的

了解 PLC 控制变频器做多段速度选择变频调速的方式。

(二)实训设备

(1) 380 V 三相交流电源。

(2) 三相鼠笼式异步电动机。

(3) MCLMK-BPQ 组件。

6.3　变频器参数设置多段速调速

(三)实训连接电路

电路接线图如图 6-24 所示。

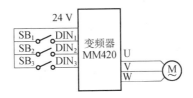

图 6-24　电路接线图

(四)实训内容和步骤

(1) 连接变频器和电动机之间的导线,打开变频器电源。

(2) 先恢复变频参数为工厂缺省值,再设置本实训参数。

P0010＝30	P0970＝1		
P0010＝1	P0700＝2	P1000＝3	P3900＝1
P0003＝2	P0701～P0703＝17		
P1001＝5	P1002＝10	P1003＝20	
P1004＝30	P1005＝40	P1006＝50	
P1007＝55	P1082＝55	P1120＝1.0	P1121＝1.0

以上设置最多可以选择 7 个固定频率。各个固定频率的数值根据表 6-6 选择。

表 6-6　变频器数字量端口状态与固定频率设置参数对应关系

		DIN$_3$	DIN$_2$	DIN$_1$
	OFF	不激活	不激活	不激活
P1001	FF1	不激活	不激活	激活
P1002	FF2	不激活	激活	不激活
P1003	FF3	不激活	激活	激活
P1004	FF4	激活	不激活	不激活
P1005	FF5	激活	不激活	激活
P1006	FF6	激活	激活	不激活
P1007	FF7	激活	激活	激活

（3）参数设置完成，接通 SB$_1$，激活变频器数字信号输入端 DIN$_1$，变频器根据设定的参数值输出 5 Hz 驱动信号给电动机，电动机以此频率运行。断开 SB$_1$，变频器无信号输出，电动机停止运转。

（4）接通 SB$_2$，激活变频器数字信号输入端 DIN$_2$，变频器由此根据设定的参数值输出 10 Hz 驱动信号给电动机，电动机以此频率运行。断开 SB$_2$，变频器无信号输出，电动机停止运转。

（5）其余各开关分别对应不同的频率值，对 3 个开关进行不同的组合，可构成 7 种速度。

(五)实训作业

写出完成此实训的具体步骤和注意事项。

6.7　变频器常见故障维修与保养方法

变频器在正常使用 6～10 年后，就进入故障的高发期，经常会出现元器件烧坏、失效和保护功能频繁动作等故障现象，严重影响其正常运行。因此，作为工厂技术人员，除了会使用变频器外，还必须学会维修变频器。在实际维修中，只要抓住其特征，掌握故障处理的规律，就能做好变频器的维修工作，使变频器在实际中出现的各种故障得到及时处理和解决，并延长其使用寿命。

首先，要根据变频器的使用技术规范要求，制定完善的日常维护措施和检修周期，使故障隐患在初期得到解决，尤其是在恶劣环境条件下使用的变频器，这项措施更为重要。其次，专业维修人员必须全面了解其原理、结构和控制方式等常识。此外，还要有丰富的维修实践经验和扎实的电气理论知识。

1.变频器的常见故障及维修对策

目前国内变频器维修中，最多的是进口变频器，如富士、三星、ABB、AB、西门子等厂家生产的变频器。特别是在大、中型企业旧设备技术改造中，应用较为广泛。但大多数国内企业由于维修人员素质、能力、实践经验及设备管理不到位等原因，在设备维修工作上，主要采取设备元部件整体更换的维修方式。由于对变频器使用环境、维护不重视，将各类异常故障归结于质量问题,因而出现了设备完成变频器技术改造的几年后,又提出了新的设备变频器技改项目(这种技改其实是变频器更新工作),这样的情况对一台设备多次实施技改,浪费了大量资金,影响企业生产成本的降低和效益的提高。

根据变频器发生故障或损坏的特征,变频器故障一般可分为两类。

1)运行中频繁自动停机,伴随故障显示代码

当运行中频繁出现自动停机现象,并伴随着一定的故障显示代码时,可根据随机说明书上提供的指导方法,进行处理和解决。这类故障一般是由于变频器运行参数设定不合适,或外部工况、条件不满足变频器使用要求所产生的一种保护动作现象。

2)突发故障,变频器无任何显示

由于使用环境恶劣,由高温、导电粉尘引起的短路、潮湿所引起的绝缘降低或击穿等突发故障(严重时,会出现打火、爆炸等异常现象)发生后,一般会使变频器无任何显示。其处理方法是:先对变频器解体检查,重点查找损坏件;根据故障发生区,进行清理、测量、更换,然后全面测试;再恢复系统,空载试运行,观察触发回路输出侧的波形,当6组波形大小、相位差相等后,再加载运行,达到解决故障的目的。

下面主要针对第二类故障进行分析和处理。

(1)主电路故障。

根据对变频器实际故障发生次数和停机时间的统计,主电路的故障率占60%以上;运行参数设定不当,导致的故障占20%左右;控制电路板出现的故障占15%;操作失误和外部异常引起的故障占5%。从故障程度和处理困难性角度来看,主电路故障必然造成元器件的损坏和报废,是变频器维修费用的主要消耗部分。

① 整流块的损坏。变频器整流桥的损坏是变频器的常见故障之一,早期生产的变频器整流块均以二极管整流为主,目前部分整流块采用晶闸管的整流方式(调压调频型变频器)。中、大功率普通变频器整流模块一般为三相全波整流,承担着变频器所有输出电能的整流,易过热,也易击穿,损坏后一般会出现变频器不能送电、保险熔断等现象,三相输入或输出端呈低阻值(正常时其阻值达到兆欧以上)或短路。在更换整流块时,要求其与散热片的接触面均匀地涂上一层传热性能良好的硅导热膏后,再紧固螺丝。如果没有同型号整流块,可用同容量的其他类型的整流块替代,对于其固定螺丝孔,必须重新钻孔、攻丝,再安装、接线。例如,一台20世纪80年代中期西门子生产的变频器(6.5 kVA)整流模块(椭圆形)被击穿后,因无同类整流块配件,采用三垦生产的同容量整流块(矩形)替代后,也可以正常使用。

② 充电电阻易损坏。导致变频器充电电阻损坏的原因一般有:主回路接触器吸合不好,造成通流时间过长而烧坏;充电电流太大;重载启动时,主回路通电和RUN信号同时接通,使充电电阻既要通过充电电流,又要通过负载逆变电流。其损坏一般表现为烧毁、外壳变黑、炸裂等。也可根据万用表测量其电阻(不同容量的机器,其阻值不同,可参考同一种机型的阻值大小确定)来加以判断。

③ 逆变器模块烧坏。中、小型变频器一般用三组 GTR(大功率晶体管模块),大容量的机种均采用多组 GTR 并联,故测量检查时应分别逐一进行检测。GTR 的损坏也可引起变频器保护功能动作。逆变器模块损坏的原因很多,如:输出负载发生短路;负载过大,大电流持续运行;负载波动很大,导致浪涌电流过大;冷却风扇效果差,致使模块温度过高,导致模块烧坏、性能变差、参数变化等问题,引起逆变器输出异常。如一台 FRN22G11S-4CX 变频器,输出三相电压不对称,解体在线检查逆变器模块(6MBP100RS-120)外观,没有发现异常,测量 6 路驱动电路也没发现故障,将逆变模块拆下测量发现有一组模块不能正常导通,该模块参数变化很大(与其他两组比较),更换之后,通电运行正常。又如 MF-30K-380 变频器在启动时出现直流回路过压跳闸故障。这台变频器并不是每次启动时,都会过压跳闸。检查时发现变频器在通电(控制操作面板上无通电显示信号)后,测得直流回路电压在 500 V 以上,由于该变频器直流回路的正极串接 1 只 SK-25 接触器,在有合闸信号时经过预充电过程后吸合,故怀疑预充电回路性能不良,断开预充电回路,情况依旧。用电容表检查滤波电容发现已失效,更换电容后,变频器工作正常。

(2)辅助控制电路故障。

变频器驱动电路、保护信号检测及处理电路、脉冲发生及信号处理电路等控制电路称为辅助电路。辅助电路发生故障后,故障原因较为复杂,除固化程序丢失或集成块损坏(处理这类故障,一般只能采用控制板整块更换或集成块更换的方法)外,其他故障较易判断和处理。

① 驱动电路故障。驱动电路用于驱动逆变器 GTR,也易发生故障。一般有明显的损坏痕迹,诸如器件(电容、电阻、三极管及印刷板等)爆裂、变色、断线等异常现象,但不会出现驱动电路全部损坏情况。处理方法一般是按照原理图,每组驱动电路逐级逆向检查、测量、替代、比较等;或与另一块正品(新的)驱动板对照检查、逐级寻找故障点。处理故障步骤是:首先对整块电路板清灰除污。如发现印刷电路断线,则补线处理;查出损坏器件即更换;根据笔者实践经验分析,对怀疑的元器件,采用测量、对比、替代等方法进行判断,有的器件需要离线测定。驱动电路修复后,还要应用示波器观察各组驱动电路信号的输出波形,如果三相脉冲大小、相位不相等,驱动电路仍然有异常处(更换的元器件参数不匹配,也会引起这类现象),应重复检查、处理。大功率晶体管工作的驱动电路的损坏也是导致过流保护功能动作的原因之一。驱动电路损坏表现出来较为常见的现象是缺相,或三相输出电压不相等;三相电流不平衡等。

② 开关电源损坏。开关电源损坏一个比较明显的特征就是变频器通电后无显示。如富士 G5S 变频器采用了两级开关电源,其原理是主直流回路的直流电压由 500 V 以上降为 300 V 左右,然后经过一级开关降压,电源输出 5 V、24 V 等多路电源。常见的开关电源损坏有开关管击穿,脉冲变压器烧坏,以及次级输出整流二极管损坏。滤波电容使用时间过长,导致电容特性变化(容量降低或漏电电流较大),稳压能力下降,也容易引起开关电源的

损坏。富士G9S使用了一片开关电源专用的波形发生芯片,由于主回路高电压的串入,经常会导致此芯片的损坏,由于此芯片市场很少能买到,此芯片的损坏较难修复。另外,变频器通电后无显示,也是较常见的故障现象之一,引起这类故障的原因多数也是开关电源的损坏。如MF系列变频器的开关电源采用的是较常见的反激式开关电源控制方式,开关电源的输出级电路发生短路也会引起开关电源损坏,从而导致变频器无显示。

③ 反馈、检测电路故障。在使用变频器的过程中,经常会碰到变频器无输出的现象。驱动电路损坏、逆变器模块损坏都有可能引起变频器无输出,此外输出反馈电路出现故障也能引起此类故障现象。有时在实际中遇到变频器有输出频率,没有输出电压(实际输出电压非常小,可认为无输出)的现象,这时应考虑一下反馈电路是否出现了故障。在反馈电路中用于降压的反馈电阻是较容易出现故障的元件之一,检测电路的损坏也是导致变频器保护功能动作的原因。检测电流的霍尔传感器由于受温度、湿度等环境因素的影响,工作点容易发生飘移,导致变频器侦测输出侧有异常突增的过电流,从而产生报警。

总之,变频器常见故障有过流、过压、欠压以及过热保护,并有相应的故障代码,不同的机型有不同的代码,其代码含义可查阅随机说明书,参考处理措施进行解决。过流经常是由于GTR(或IGBT)功率模块的损坏而导致的,在更换功率模块的同时,应先检查驱动电路的工作状态,以免由于驱动电路的损坏,导致GTR(或IGBT)功率模块的重复损坏。欠压故障发生的主要原因是快速熔断器或整流模块损坏,以及电压检测电路损坏,电压检测采样信号从主直流回路直接取样,经高阻值电阻降压,并通过光耦隔离后送到CPU处理,由高低电平判断是欠压还是过压。过热停机多数是由冷却风扇散热不足引起的。如某厂铝电解车间环境恶劣,高粉尘、高温(夏季厂房上部气温高达56 ℃)、高氧化铝粉尘、氟化氢腐蚀气体使多功能天车上变频器内电路板易积尘、风扇黏死、电子器件老化迅速、GTR(或IGBT模块过热烧坏,经常出现过热保护,特别是在夏季,这种现象更加频繁,而且模块烧坏率很高,即使是进口机型(如SIEMENS、SENKEN、Fuji等),情况也是如此。为解决这个问题,通过加大天车上使用变频器的容量,才初步降低了变频器的故障率和报废率,但效果并不理想。

2. 变频器的日常保养

实验证明,变频器的使用环境温度每升高10 ℃,其使用寿命会减少一半。为此在日常使用中,应根据变频器的实际使用环境状况和负载特点,制定出合理的检修周期和制度,在每个使用周期后,对变频器进行整体解体、检查、测量等全面维护一次,使故障隐患在初期被发现和处理,有效降低变频器的故障率和延长使用寿命。

(1) 定期(根据实际环境确定其周期间隔长短)对变频器进行全面检查维护,必要时可将整流模块、逆变器模块和控制柜内的线路板进行解体、检查、测量、除尘和紧固。由于变频器下进风口、上出风口常会因积尘或因积尘过多而堵塞,其本身散热量高,要求通风量大,故运行一定时间后,其电路板上(因静电作用)有积尘,须清洁和检查。

(2) 对线路板、母排等维修后,要进行必要的防腐处理,涂刷绝缘漆,对已出现局部放电、拉弧的母排须去除其毛刺,并进行绝缘处理。对已绝缘击穿的绝缘柱,须清除碳化物或更换。

(3) 对所有接线端进行检查、紧固,防止松动引起严重发热现象的发生。

(4) 对输入(包括输出)端、整流模块、逆变器模块、直流电容和快速熔断器等器件进行全面检查、参数测定,对烧毁或参数变化大的器件应及时更换。

(5) 对变频器内风扇转动状况要经常仔细检查,断电后,用手转动风叶,观察轴承有无卡死或转动不灵活现象,必要时做更换处理。

(6) 仔细检查控制电路板上的电子元器件,检查和处理脱焊、变色、鼓肚、开裂、断线(印刷板线路)等异常现象,必要时对外表异常的元器件,可在电路板上脱焊测量检查或更换。

(7) 由于在设计变频器时对电子元器件考虑了使用老化引起的容量降低问题,故在维修中,不必立即更换容量降低小的电容。在实际中,电容容量降低程度与变频器使用环境、负载大小、工作制等有直接的关系,恶劣环境、负载越大、停启频繁等运行状况,会加速直流主电容老化。另外,定期维护时,要详细检查主直流回路电容器有无漏液及外壳有无膨胀、鼓泡或变形,安全阀是否冲开,并对电容容量、漏电流(漏电流大,会使电容器过热,引起安全阀冲开,甚至电容爆炸)、耐压值等进行测试,对容量降低30%以上、漏电流超过70 mA、耐压值低于 650 V 的电容应及时更换。对新电容或长期闲置未使用的电容,应进行性能测试,满足使用要求后才可替换使用。

(8) 对整流块、逆变 GTR(或 IGBT)等大载流量的器件要用万用表、电桥等仪器、工具进行检测和耐压实验,测定其正向、反向电阻值,并做表格记录,对参数相差较大的模块要更换。

(9) 对主接触器及其他辅助继电器进行检查,仔细观察各接触器动静触头有无拉弧、毛刺或表面氧化、凹凸不平,发现此类问题应对其相应的动静触头进行更换,确保其接触安全可靠。

(10) 经常检查电源电压波动程度,改善变频器使用环境和负载波动大的现象,避免大电流对变频器冲击的影响。

在变频器的应用中,只有满足其设计工作要求和正常使用的各项条件,才能使其长期、安全、稳定地运行。如果是在恶劣的工作环境下使用,就要加倍重视变频器的日常维护和检修工作,改善变频器的使用环境和负载波动大的现象,以保证变频器可靠、平稳、安全地发挥其各项性能,达到调速运行、节约电能和降低维修费用的目的。

【思考题】

6.1 试述单相输出交-交变频电路的工作原理。

6.2 晶闸管相控直接变频的基本原理是什么?为什么只能降频、降压,而不能升频、升压？

6.3 交-交变频电路的输出频率有何限制？

6.4 三相输出交-交变频电路有哪两种接线方式？它们有什么区别？

6.5 请查资料，列举 5 种以上不同厂家的变频器。

6.6 观察日常生活中使用变频器的场合，列举一个例子，简述其原理。

6.7 变频调速在电动机运行方面的优势主要体现在哪些方面？

6.8 变频器有哪些种类？其中电压型变频器和电流型变频器的主要区别在哪里？

6.9 交-直-交变频器主要由哪几部分组成？试简述各部分的作用。

参 考 文 献

[1]王兆安,刘进军.电力电子技术[M].5版.北京:机械工业出版社,2009.

[2]浣喜明,姚为正.电力电子技术[M].4版.北京:高等教育出版社,2014.

[3]杨杰,訾兴建.电力电子技术[M].合肥:安徽大学出版社,2010.

[4]莫正康.半导体变流技术[M].2版.北京:机械工业出版社,2011.

[5]陈坚.电力电子学:电力电子变换和控制技术[M].3版.北京:高等教育出版社,2011.

[6]张立,赵永健.现代电力电子技术——器件、电路与应用[M].北京:科学出版社,1992.

[7]黄家善.电力电子技术[M].2版.北京:机械工业出版社,2013.

[8]王维平.现代电力电子技术及应用[M].2版.南京:东南大学出版社,2001.

[9]朱志伟,等.电力电子技术项目化教程[M].北京:高等教育出版社,2017.

[10]张诗淋.电力电子技术项目教程[M].北京:机械工业出版社,2017.

[11]韩敏,桂莉.变频器故障综合分析与处理方法[J].变频器世界,2006(9).

[12]杨国安.运动控制系统综合实验教程[M].西安:西安交通大学出版社,2014.